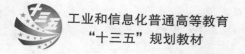

工业和信息化普通高等教育
"十三五"规划教材

U0277674

# Python 程序设计实践教程

储岳中 薛希玲 ◎ 主编

肖建于 官骏鸣 程一飞 ◎ 副主编

*Python Programming Practice*

人民邮电出版社
北京

**图书在版编目（ＣＩＰ）数据**

Python程序设计实践教程 / 储岳中，薛希玲主编
. -- 北京 : 人民邮电出版社，2020.4（2021.3重印）
ISBN 978-7-115-53260-2

Ⅰ．①P… Ⅱ．①储… ②薛… Ⅲ．①软件工具－程序
设计－教材 Ⅳ．①TP311.561

中国版本图书馆CIP数据核字(2020)第006658号

## 内 容 提 要

　　本书是人民邮电出版社出版的《Python 程序设计教程》（储岳中等主编）的配套教材。全书共分 3
个部分，第 1 部分为习题解答，第 2 部分为实验指导，第 3 部分为综合实训。本书以案例为主线，紧
扣 Python 语言程序设计的知识点，特色鲜明，实用性强。

　　本书可作为高等院校 Python 语言程序设计学习的配套实践教材，也可作为计算机水平考试的备考
辅导书，还可以作为对 Python 感兴趣的技术人员和爱好者的自学用书。

- ◆ 主　　编　储岳中　薛希玲
　　副 主 编　肖建于　官骏鸣　程一飞
　　责任编辑　罗　朗
　　责任印制　王　郁　陈　犇
- ◆ 人民邮电出版社出版发行　　北京市丰台区成寿寺路 11 号
　　邮编　100164　电子邮件　315@ptpress.com.cn
　　网址　http://www.ptpress.com.cn
　　三河市君旺印务有限公司印刷
- ◆ 开本：787×1092　1/16
　　印张：9.5　　　　　　　　　2020 年 4 月第 1 版
　　字数：243 千字　　　　　　2021 年 3 月河北第 3 次印刷

定价：29.80 元

读者服务热线：(010)81055256　印装质量热线：(010)81055316
反盗版热线：(010)81055315
广告经营许可证：京东市监广登字 20170147 号

随着大数据、云计算、物联网和人工智能等信息技术的飞速发展，Python 语言已成为当前主流编程语言，越来越多的高校选择 Python 语言作为第一门程序设计语言。在 Python 语言学习与教学过程中，大家有一个共同体会：Python 语言虽容易上手，并具有开源、面向对象、库多等优点，但要学好并熟练用于实际问题并非易事。

为了帮助读者学好 Python 语言，我们在总结多年教学经验的基础上，编写了这本《Python 程序设计实践教程》。本书是人民邮电出版社出版的《Python 程序设计教程》（储岳中等主编）的配套教材，书中实验及案例的上机环境为 Python 3.7.3 的 IDLE。

本书共分 3 个部分，第 1 部分为习题解答，给出了主教材《Python 程序设计教程》每章习题的答案，可作为读者做题的参考；第 2 部分为实验指导，总结了主教材每章的知识点，为读者理解每章重点内容提供了便利，同时设计了 16 个实验内容，各高校可根据教学大纲要求为学生选择全部或部分实验，涉及编程的实验题均给出了调试验证后的参考程序；第 3 部分为综合实训，由 4 个经典实训案例组成，目的是培养学生的综合程序设计能力和应用能力，综合实训可以作为教学内容结束后的能力提升环节。附录部分总结了 Python 3.X 环境下的常见错误调试及应对策略，力求培养读者的程序调试能力，并有效指导读者参加计算机水平考试。

本书可作为高等院校 Python 语言程序设计学习的指导用书。

本书由储岳中、薛希玲任主编，主教材的其他参编人员也参与了各章习题解答与实验内容的编写，全书由储岳中统稿。由于编者水平有限，书中难免存在不妥与疏漏之处，欢迎读者批评指正。

编者

2019 年 10 月

# 目 录

# 习题解答

# 第1章　Python 语言概述

## 一、选择题

| 题号 | 1 | 2 | 3 | 4 | 5 | 6 | 7 | 8 | 9 | 10 | 11 |
|------|---|---|---|---|---|---|---|---|---|----|----|
| 答案 | B | C | D | A | D | A | D | C | B | B | A |

## 二、简答题

1. 简述 Python 开发环境的建立过程。

答：

（1）到 Python 官网上下载适合操作系统环境的安装包；

（2）运行安装包，根据安装向导进行环境安装；

（3）如果需要第三方库，可以在 CMD 环境下运行：pip install 库名，进行第三方库的安装；

（4）Python 安装包自带命令行环境和 IDLE 集成开发环境，如果需要其他集成开发环境（如 Pycharm 等），请自行搜索、下载、安装。

2. 简述 Python 语言的特点。

答：

（1）优点

① 语法简洁，易于上手，程序可读性强；

② 既支持面向过程的函数编程也支持面向对象的抽象编程；

③ 可移植性好、可扩展性好；

④ 开源本质，使任何用户都有可能成为代码的改进者；

⑤ Python 解释器提供了数百个内置库和函数库；

⑥ 提供了安全合理的异常退出机制。

（2）缺点

① 由于是解释型语言，运行速度稍慢；

② 构架选择太多，没有像 C#那样的官方.NET 构架。

3. 请总结 Python 程序注释的方法。

答：

（1）单行注释：该注释以"#"开始，到该行末尾结束；

（2）多行注释：该注释以 3 个引号或双引号作为开始和结束符号，其中 3 个引号可以是 3 个单引号或 3 个双引号。

4. 请总结 Python 第三方库的安装方法，尝试下载并安装第三方库 numpy。

答：

（1）在 CMD 环境下，直接用"pip install 库名"安装；

（2）下载 whl 文件，在 CMD 中切换到该文件目录下，执行 pip install whl 文件的命令；

（3）在相关编辑器中执行添加命令，如 Pycharm，就可以通过环境里的"file--settings--projec▮

interpreter-- +"添加所需的库;

5. 启动 IDLE 中 help 菜单下的 turtle demo，然后研究环境自带的一些 turtle 演示程序。

答：部分演示程序运行效果如图 1-1-1 和图 1-1-2 所示。

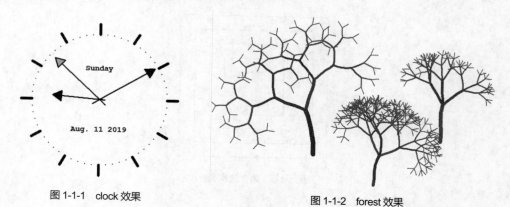

图 1-1-1　clock 效果　　　　　　　　　　图 1-1-2　forest 效果

6. 为什么说 Python 采用的是基于值的内存管理模式?

答：Python 采用的是基于值的内存管理方式，如果为不同变量赋值相同，则在内存中只有一份该值，多个变量指向同一块内存地址。

三、编程题

1. 编写程序，输出"I love Python!"。

参考程序如下：

```
#xt1-3-1
print("I love Python!")
```

2. 编写程序，从键盘接收三个整数，输出最大数和最小数。

参考程序如下：

```
#xt1-3-2
a=eval(input("请输入第一个数:"))
b=eval(input("请输入第二个数:"))
c=eval(input("请输入第三个数:"))
if a>b and a>c:
    if b<c:
        b,c = c,b
elif b>a and b>c:
    if a > c:
        a,b =b,a
    else:
        a,b =b,a
        b,c =c,b
elif c>a and c>b:
    if a < b:
        a,c =c,a
    else:
        a,c =c,a
```

```
        c,b =b,c
print("max=",a,"min=",c)
```

3. 请模仿例题和检索资料，绘制图 1-1-3 所示的图案。

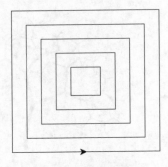

图 1-1-3　第 3 题效果图

参考程序如下：

```
#xt1-3-3
import turtle
for i in range(5):
        turtle.penup()
        turtle.goto(0, -25 * (i + 1))
        turtle.pendown()
        length = 50 * (i + 1)
        turtle.forward(length / 2)
        turtle.left(90)
        turtle.forward(length)
        turtle.left(90)
        turtle.forward(length)
        turtle.left(90)
        turtle.forward(length)
        turtle.left(90)
        turtle.forward(length / 2)
```

# 第 2 章  Python 语言基础

## 一、选择题

| 题号 | 1 | 2 | 3 | 4 | 5 | 6 | 7 | 8 | 9 | 10 | 11 |
|---|---|---|---|---|---|---|---|---|---|---|---|
| 答案 | A | C | B | B | A | B | A | C | D | D | C |
| 题号 | 12 | 13 | 14 | 15 | 16 | 17 | 18 | 19 | 20 | 21 | |
| 答案 | D | A | C | B | C | B | C | A | A | B | |

## 二、简答题

1. 写出十进制整数 129 对应的二进制、八进制和十六进制形式。

答：对应的二进制、八进制和十六进制形式分别为 10000001、201、81。

2. 将以下数学表达式写成 Python 语言表达式。

（1） $\dfrac{1.23}{4.5 / 6.78}$    （2） $\dfrac{\sin(\sqrt{x})}{ab}$

（3） $\ln(\ln(10^{2x}+1))$    （4） $\arctan(\log_2(e+\pi))$

答：

（1） 1.23/(4.5/6.78)  或  1.23/4.5*6.78

（2） math.sin(math.sqrt(x))/a/b

（3） math.log(math.log(pow(10,2*x)+1))    # pow 和 log 是内置库函数

（4） math.atan(math.log(2.71828+3.15159,2))

3. 求 Python 表达式的值：3.5+(8/2*round(3.5+6.7)/2)%3。

答：5.5

4. 已知 $a$=5，$b$=3，$c$=7，求 Python 表达式的值：a>b and a>c or b!=c。

答：True

5. 请写出数学表达式–1≤$x$≤1 对应的 Python 语言表达式。

答：–1<= x <=1   或  x>=–1 and x <=1

6. 已知 $x$=13，$y$=3，求表达式~x&y 的值。

答：2

7. 写出判断整数 $x$ 能否同时被 3 和 5 整除的 Python 语言表达式。

答：x%3= =0 and x%5= =0

## 三、编程题

1. 编程计算 $e^{3.1415926}$，输出结果保留 6 位小数（$e^x$ 对应的库函数为 exp()）。

```
#xt2-3-1
import math
PI = 3.1415926
print("exp(PI)=%.6f"%(math.exp(PI)))
```

2. 闰年的判定规则：年份是 400 的倍数，或年份是 4 的倍数但不是 100 的倍数。输入一个年份，输出该年份是否为闰年。

```
#xt2-3-2
year = eval(input("请输入一个年份："))
if year%400==0 or (year%4==0)and(year%100!=0):
    print(year,"是闰年！")
else:
    print(year,"不是闰年！")
```

3. 输入一个实数，分别输出其整数部分和小数部分。

方法一：

```
#xt2-3-3-1
f = eval(input("请输入一个实数："))
print(f,"的整数部分是",int(f))
print(f,"的小数部分是",f-int(f))
```

方法二：

```
#xt2-3-3-2
import math
f = eval(input("请输入一个实数："))
ls=math.modf(f)
print(f,"的整数部分是",int(ls[1]))
print(f,"的小数部分是",ls[0])
```

4. 已知铁的密度是 7.86g/cm$^3$，请从键盘输入铁球的半径（单位：cm），计算并输出铁球的表面积和铁球的质量（保留两位小数）。

```
#xt2-3-4
PI = 3.1415926
r = eval(input("请输入铁球的半径："))
print("铁球的表面积是",4*PI*r**2,"平方厘米")
print("铁球的质量是%.6f"%(4/3*PI*r**3*7.86),"克")
```

5. 键盘输入圆柱体的底面半径和高，计算并输出圆柱体的表面积和体积。

```
#xt2-3-5
PI = 3.1415926
r = eval(input("请输入圆柱底面半径："))
h = eval(input("请输入圆柱高："))
print("圆柱的表面积是",2*PI*r**2+2*PI*r*h)
print("圆柱的体积是",PI*r**2*h)
```

6. 键盘输入一元二次方程的二次项到常数项系数 a,b,c（保证有两个不等实根），计算并输出两个不等实根。

```
#xt2-3-6
import math
a = float(input("请输入 a 的值: "))
b = float(input("请输入 b 的值: "))
c = float(input("请输入 c 的值: "))
if b**2-4*a*c>=0:
    x1=((-b+math.sqrt(b**2-4*a*c))/(2*a))
    x2=((-b-math.sqrt(b**2-4*a*c))/(2*a))
    print("x1=",x1,"\t","x2=",x2)
else:
    print("无实根! ")
```

# 第 3 章  序列数据

## 一、选择题

| 题号 | 1 | 2 | 3 | 4 | 5 | 6 | 7 | 8 | 9 | 10 |
|---|---|---|---|---|---|---|---|---|---|---|
| 答案 | C | C | A | D | C | D | A | C | C | A |
| 题号 | 11 | 12 | 13 | 14 | 15 | 16 | 17 | 18 | 19 | 20 |
| 答案 | A | A | D | B | A | C | C | A | D | C |

## 二、简答和操作题

1. 请写出产生一个[90，100)随机整数的命令。

```
random.randint(90,100)
```

2. 设有列表 A= ["name","age","sex"]，B=["Zhang",20,"Famale"]，请设计语句将这两个列表的内容转换成字典，列表 A 的内容作为"键"，列表 B 的内容作为"值"。

```
dic = dict(map(lambda x,y:[x,y], A,B))
```

3. 已知列表 list1=['p','y','t','h','o','n']，请填空完成以下功能。

（1）求列表 list1 的长度：_____len(list1)_____；

（2）输出列表第 2 个及其以后元素：_____print(list1[1:])_____；

（3）增加一个元素'3'：_____list1.append('3')_____；

（4）删除第 4 个元素：_____list1.remove('h')_____。

4. 按要求转换对象。

（1）将字符串 str='Programming'转换为列表：_____list(str)_____；

（2）将字符串 str='Programming'转换为元组：_____tuple(str)_____；

（3）将列表 list1=['p','y','t','h','o','n'] 转换为元组：_____tuple(list1)_____；

（4）将元组 tup1=('p','y','t','h','o','n') 转换为列表：_____list (tup1)_____。

5. 已知两个集合：s1={1,2,3,4,5,6}，s2={2,4,6}，请填空完成以下功能。

（1）判断 s2 是否是 s1 的子集：_____s2.issubset(s1)_____；

（2）求两个集合的交集：_____s1&s2_____；

（3）求两个集合的并集：_____s1 | s2_____；

（4）求 s1 与 s2 的差集：_____s1.difference(s2) 或 s1-s2_____。

6. 已知字典 D={"name":"Zhangsan","sex":"M","address":"Nanjing","phone":"123456"}，请设计代码分别实现以下功能：

（1）输出字典 D 的所有键值对；

（2）输出 D 的 phone 值；

（3）修改 D 的 address 值为 Shanghai；

（4）添加键值对 age: 20；

（5）删除字典 D 的 sex 键值对。

参考代码如下：

```
D={"name":"Zhangsan","sex":"M","address":"Nanjing","phone":"123456"}
for key,value in D.items():
    print("Key:%-10s Value:%-10s"%(key,value))
print(D['phone'])
D['address']="Shanghai"
D['age']=20
del D['sex']
print(D)
```

7. 假设有一个列表 a，现要求从列表 a 中每 3 个元素取 1 个，并且将取到的元素组成新的列表 b。请设计命令。

```
b = a[::3]
```

三、编程题

1. 编写程序，设计一个字典，用户输入内容作为"键"，然后输出字典对应的"值"，若键不存在，则输出提示信息"键不存在"。

参考程序如下：

```
#xt3-3-1
D={"name":"Zhangsan","sex":"M","address":"Nanjing","phone":"123456"}
Key = input("请输入一个键：")
if D.get(Key)!=None:
    print("值为：%s"%D.get(Key))
else:
    print("键不存在")
```

2. 编写程序，生成含 10 个[0,100)随机整数的列表，查找并输出列表中的最大元素和最小元素（可以用 sort()方法）。

参考程序如下：

```
#xt3-3-2
import random
ls=[]
for i in range(10):
    ls.append(random.randint(0,100))
ls.sort()
print("最大元素：",ls[9])
print("最小元素：",ls[0])
```

3. 设列表 a=[1,2,3,4,5,6,7,8,9,0]，请编程将列表中元素依次后移一位，原来最后一位移到第一位，然后输出新的列表。

参考程序如下：

```
#xt3-3-3
a=[1,2,3,4,5,6,7,8,9,0]
n=a[9]
for i in range(9,0,-1):
    a[i]=a[i-1]
a[0]=n
print(a)
```

4. 一个整数列表，其中包括 1~1000 的整数 7 的倍数中除以 3 余数为 2 的数，请确定本列表中的元素并输出，每行输出 10 个。

参考程序如下：

```
#xt3-3-4
ls = []
for i in range(1,1000):
    if i%7==0 and i%3==2:
        ls.append(i)
for i in range(len(ls)):
    print(ls[i],end=" ")
    if (i+1)%10==0:
        print("\n")
```

5. 对于一个整数列表，如果有一个切分位置使其前面的元素之和等于后面的元素之和，就称该位置是平衡点。请编写程序求列表的平衡点，不存在时给出提示。

参考程序如下：

```
#xt3-3-5
ls = [1,3,5,7,8,2,4,20]
flag=0
for p in range(1,len(ls)-1):
    s1=0
    for j in range(p):
        s1+=ls[j]
    s2=0
    for j in range(p+1,len(ls)):
        s2+=ls[j]
    if s1==s2:
        print("平衡点为: ",ls[p])
        flag=1
        break
if flag==0:
    print("没有平衡点! ")
```

6. 生成一个字典，其键是形式为 class$i$ 的字符串，其中 $i$ 为表示整数的十进制数字串，取值范围为 1~10，每个键对应的值为 $i^2$，例如，class8:64。

参考程序如下：

```
#xt3-3-6
D={}
```

```
for i in range(1,11):
    s = "class"+str(i)
    D[s]=i*i
print(D)
```

7. 已知列表 list1=[56,75,43,82,74,63,90,88]，要求将列表中的值分成两组，60 及以上的值保存在字典的第一个键中，60 以下的值保存在字典的第二个键中，即 D={"k1":60 及以上所有值,"k2":60 以下所有值}，请编程实现（程序控制结构可参考第 4 章）。

参考程序如下：

```
#xt3-3-7
D={"k1":[],"k2":[]}
list1=[56,75,43,82,74,63,90,88]
for value in list1:
    if value>=60:
        D["k1"].append(value)
    else:
        D["k2"].append(value)
print(D)
```

8. 生成 100 以内的素数并将其存放在列表 primes 中。

参考程序如下：

```
#xt3-3-8
import math
primes = []
upto = 100
for i in range(2,upto+1):
    for divsor in range(2, int(math.sqrt(i))+1):
        if i%divsor == 0:
            break
    else:
        primes.append(i)
print(primes)
```

# 第 4 章　流程控制语句

## 一、选择题

| 题号 | 1 | 2 | 3 | 4 | 5 |
|------|---|---|---|---|---|
| 答案 | D | A | D | A | C |

## 二、阅读程序题

1. 下面代码的输出结果是：

```
1 2 3 4 5
```

2. 下面代码的输出结果是：

```
[4, 6, 8, 9]
```

3. 下面代码的输出结果是：

```
1*1=1
2*1=2
3*1=3
4*1=4
5*1=5
6*1=6
7*1=7
8*1=8
9*1=9
```

4. 下面代码的输出结果是：

```
3
5
7
```

5. 下面代码的输出结果是：

```
sum=10
```

## 三、编程题

1. 请编程计算以下分段函数。

$$y = \begin{cases} x^3 + 1 & x < -1 \\ x^2 - 5x + 2 & -1 \leq x \leq 1 \\ x^3 - 1 & x > 1 \end{cases}$$

参考程序如下：

```
#xt4-3-1
x = eval(input("请输入x:"))
if x<-1:
    y = x**3+1
elif x<=1:
```

```
        y = x**2-5*x+2
else:
        y = x**3-1
print("y=",y)
```

2. 某公司员工工资计算方法如下：

（1）基本工资 3000 元，小时奖金按 20 元计算；

（2）工作时数超过 176 小时者，超过部分奖金标准提高 30%；

（3）工作时数低于 88 小时者，扣发基本工资，只发奖金。

请输入员工的工号和工作时数，计算并输出应发工资。

参考程序如下：

```
#xt4-3-2
num = input("请输入工号:")
x = eval(input("请输入工作时长:"))
s = 3000
if x<88:
        s= x*20
elif x>176:
        s+=(176*20+(x-176)*20*1.3)
else:
        s+=x*20
print("s=",s)
```

3. 请编程输出不大于 $n$ 的所有不能被 7 整除但能被 3 整除的自然数，其中 $n$ 由键盘输入。

参考程序如下：

```
#xt4-3-3
n = eval(input("请输入n:"))
for i in range(n):
        if i%7!=0 and i%3==0:
            print(i,end=" ")
```

4. 请检索银行当前 1 年定期和 5 年定期存款的利率。假定现存入 10000 元，存款到期后立即将利息与本金一起再存入。请编写程序计算按照每次存 1 年和按照每次存 5 年，共存 20 年，两种存款方式的得款总额。

参考程序如下：

```
#xt4-3-4
profit1 = 0.0195
profit5 = 0.04125
capital = 10000
for i in range(21):
        capital += capital*profit1
print("方案一: 20 年后本金、利息总和为%.2f"%(capital))
capital = 10000
for i in range(4):
        capital += capital*profit5*5
```

```
print("方案二：20年后本金、利息总和为%.2f"%(capital))
```

测试结果：

方案一：20年后本金、利息总和为15001.40；

方案二：20年后本金、利息总和为21171.39。

5. 费马大定理：$n$ 为正整数，对于 $n>2$，不存在正整数 $a, b, c$，使得 $a^n+b^n=c^n$ 成立。请定义一个函数 check_fermat(a,b,c,n)，当上述等式成立时输出 "Fermat is wrong!"，否则输出 "Fermat is right!"，并设计主函数测试该函数。

参考程序如下：

```
#xt4-3-5
def check_fermat(a,b,c,n):
    flag =0
    for i in range(n+1):
        if a**i+b**i==c**i:
            flag=1
            break
    print(i)
    return(flag)
a = eval(input("请输入正整数a:"))
b = eval(input("请输入正整数b:"))
c = eval(input("请输入正整数c(要求大于a和b):"))
n = eval(input("请输入指数上限n:"))
if check_fermat(a,b,c,n):
    print("Fermat is wrong!")
else:
    print("Fermat is right!")
```

6. 假设一元钱买一瓶水，三个空瓶可以换一瓶水。初始 $n$ 元钱，最终可以喝几瓶水？请编程计算。

参考程序如下：

```
#xt4-3-6
n = eval(input("请输入n:"))
s = n
while n>=3:
    s+= n//3
    n=n//3+n%3   #空瓶数
print("s=",s)
```

7. 哥德巴赫猜想：任何一个大于6的偶数可以分解为两个素数之和。请编程验证。

参考程序如下：

```
#xt4-3-7
import math
def ISprime(n):  #判断素数函数
    i=2
    while i<=n:
        if n%i==0:
```

```
                break
            i+=1
        if i==n:
            return(True)
        else:
            return(False)
B=eval(input('输入大于 6 的偶数:'))
if B%2==0:
    i=1
    while i<=B:
        j=B-i
        if ISprime(i):
            if ISprime(j) and i<=j:        #i<=j 是为了防止重复
                print('%d+%d=%d'%(i,j,B))
        i+=1
else:
        print('不是偶数! ')
```

8. 如果一个数恰好等于它的因子之和，则这个数称为"完全数"，例如 6 = 1+2+3。编程输出 1000 以内的所有完全数。

参考程序如下：

```
# xt4-3-8
for j in range(2,1001):
    k = []
    n = -1
    s = j
    for i in range(1,j):
            if j % i == 0:
                    n += 1
                    s -= i
                    k.append(i)
    if s == 0:
        print(j,end="=")                # 打印完数
        for i in range(n):              # 遍历完数的所有因子
            print(str(k[i]),end='+ ')   # 打印出因子
        print(k[n])                     # 打印最后一个因子
```

测试情况如下：

```
6=1+ 2+ 3
28=1+ 2+ 4+ 7+ 14
496=1+ 2+ 4+ 8+ 16+ 31+ 62+ 124+ 248
```

9. 请编程判断一个列表中有无重复元素。

参考程序如下：

```
#xt4-3-9
list1=[1,2,3,4,4,5,6,7,9,7]
for i in list1:
```

```
        if list1.count(i)>=2:
            print('元素%s重复'%i)
```

10. 请编程输出以下图案（要求用循环实现）。

```
        *
       **
      ***
     ****
    *****
   ******
  *******
   ******
    *****
     ****
      ***
       **
        *
```

参考程序如下：

```
#xt4-3-10
n = eval(input("请输入上三角行数："))
for i in range(n):
     for j in range(8-i):
            print(" ",end="")
     for j in range(i+1):
            print("*",end="")
     print()
for i in range(n-1):
     for j in range(i+3):
            print(" ",end="")
     for j in range(n-i-1):
            print("*",end="")
     print()
```

11. 编写程序通过下式求 e 的值，精度为 $10^{-7}$。

e=1+1/1!+1/2!+1/3!+…

参考程序如下：

```
# xt4-3-11
e=1
i=1
n=1
while (1/n>1E-7):
  e+=1/n
  i+=1
  n*=i
print("e=%.7f"%e)
```

16

12. 一个弹力球从高度 $h$ 下落后回弹高度为 $0.6h$，请输入一个初始高度及允许续弹的次数，输出该球运动的总距离（最后一次回弹到最高点结束）。

参考程序如下：

```
# xt4-3-12
while True:
        x = int(input("请输入弹跳次数："))
        if x < 0:
            print("弹跳次数不能小于0！请重新输入！")
            continue
        start_lang = float(input("请输入初始高度："))
        if start_lang <= 0:
            print("初始高度必须大于0！请重新输入！")
            continue
        while x > 0:
            end_lang = start_lang*0.6
            start_lang = start_lang+end_lang
            x = x-1
        print("弹跳总长度：%.2f"%(start_lang))
        break
```

测试情况如下：

```
请输入弹跳次数：2
请输入初始高度：10
弹跳总长度：25.60
```

13. 一个整数加上 100 后是一个完全平方数，再加上 268 后又是一个完全平方数，请问 10000 以内满足该条件的数有哪些?

参考程序如下：

```
# xt4-3-13
import math
for i in range(10000):
    #转化为整型值
    x = int(math.sqrt(i + 100))
    y = int(math.sqrt(i + 268))
    if (x * x == i + 100) and (y * y == i + 268):
        print(i)
```

测试结果如下：

```
21
261
1581
```

14. 古典问题：有一对兔子，从出生后第 3 个月起每个月都生一对兔子，小兔子长到第 3 个月后每个月又生一对兔子，假如兔子都不死，问每个月的兔子总数为多少?

程序分析：兔子的规律为数列 1,1,2,3,5,8,13,21…

参考程序如下：

```
# xt4-3-14
f1 = 1
f2 = 1
for i in range(1,11):
    print('%12d %12d' % (f1,f2))
    f1 = f1 + f2
    f2 = f1 + f2
```

测试结果如下：

```
        1           1
        2           3
        5           8
       13          21
       34          55
       89         144
      233         377
      610         987
     1597        2584
     4181        6765
```

15. 求 $s=a+aa+aaa+aaaa+aa\cdots a$ 的值，其中 $a$ 是一个数字。例如 2+22+222+2222+22222（此时共有 5 个数相加），几个数相加由键盘控制。

参考程序如下：

```
# xt4-3-15
T = 0
S = 0
n = int(input('n = :'))
a = int(input('a = :'))
for count in range(n):
    T = T*10 + a
    S = S+T
print(S)
```

16. 编写程序，生成 1000 个 0～100 的随机整数，并统计每个元素的出现次数。

参考程序如下：

```
# xt4-3-16
import random
x=[random.randint(0,100) for i in range(1000)]
d=set(x)
for v in d:
    print(v,':',x.count(v))
```

17. 编写程序，生成包含 20 个随机数的列表，然后将前 10 个元素升序排列，后 10 个元素降序排列，并输出结果。

参考程序如下：

```
# xt4-3-17
import random
x=[random.randint(0,100) for i in range(20)]
print(x)
y=x[0:10]
y.sort()
x[0:10]=y
y=x[10:20]
y.sort(reverse=True)
x[10:20]=y
print(x)
```

测试结果如下：

```
[65, 95, 62, 35, 63, 70, 80, 85, 25, 55, 81, 63, 2, 80, 72, 65, 83, 37, 64, 76]
[25, 35, 55, 62, 63, 65, 70, 80, 85, 95, 83, 81, 80, 76, 72, 65, 64, 63, 37, 2]
```

18. 编写程序，生成一个包含 20 个随机整数的列表，然后对其中偶数下标的元素进行降序排列，奇数下标的元素不变。（提示：使用切片）

参考程序如下：

```
# xt4-3-18
import random
x=[random.randint(0,100) for i in range(20)]
print(x)
y=x[::2]
y.sort(reverse=True)
x[::2]=y
print(x)
```

运行结果如下：

```
[58, 62, 9, 4, 41, 80, 89, 44, 88, 46, 70, 62, 51, 51, 52, 27, 31, 51, 7, 44]
[89, 62, 88, 4, 70, 80, 58, 44, 52, 46, 51, 62, 41, 51, 31, 27, 9, 51, 7, 44]
```

19. 使用给定的整数 $n$，编写一个程序生成一个包含$(i, i \times i)$的字典，该字典包含 $1 \sim n$ 的整数（含 1 和 $n$），然后输出字典。

假设向程序提供以下输入：8

则输出为：{1:1，2:4，3:9，4:16，5:25，6:36，7:49，8:64}

参考程序如下：

```
# xt4-3-19
print('请输入一个数字：')
n=int(input())
d=dict()
for i in range(1,n+1):
    d[i]=i*i
print(d)
```

20. 编写一个程序，接受逗号分隔的单词序列作为输入，按字母顺序排序后按逗号分隔的序列输出单词。假设向程序提供以下输入：

```
without,hello,bag,world
```

则输出为：

```
bag,hello,without,world
```

参考程序如下：

```
# xt4-3-20
items=[x for x in input().split(',')]
items.sort()
print (','.join(items))
```

21. 编写一个程序，接受一系列空格分隔的单词作为输入，在删除所有重复的单词并按字母顺序排序后输出这些单词。

假设向程序提供以下输入：

```
hello world and practice makes perfect and hello world again
```

则输出为：

```
again and hello makes perfect practice world
```

参考程序（我们使用 set 容器自动删除重复的数据，然后使用 sort() 对数据进行排序）如下：

```
# xt4-3-21
print('请输入一组字符串：')
s = input()
words = [word for word in s.split(" ")]
print (" ".join(sorted(list(set(words)))))
```

22. 编写一个程序，接受一系列逗号分隔的 4 位二进制数作为输入，然后检查它们是否可被 5 整除。可被 5 整除的数将以逗号分隔的顺序输出。

例如：

```
0100,0011,1010,1001
```

那么输出应该是：

```
1010
```

参考程序如下：

```
# xt4-3-22
value = []
print('请输入逗号分隔的 4 位二进制数：')
items=[x for x in input().split(',')]
```

```
for p in items:
     intp = int(p, 2)
     # print(intp)
     if not intp%5:
          value.append(p)
 print (','.join(value))
```

23. 编写一个接受句子并统计字母和数字个数的程序。假设为程序提供了以下输入：

```
Hello world! 123
```

输出应该是：

```
字母 10
数字 3
```

参考程序如下：

```
# xt4-3-23
print('请输入: ')
s = input()
d={"DIGITS":0, "LETTERS":0}
for c in s:
     if c.isdigit():
          d["DIGITS"]+=1
     elif c.isalpha():
          d["LETTERS"]+=1
     else:
          pass
print ("LETTERS", d["LETTERS"])
print ("DIGITS", d["DIGITS"])
```

24. 编写一个程序来统计输入的单词的频率。按字母顺序排序后输出。
假设为程序提供了以下输入：

```
New to Python or choosing between Python 2 and Python 3? Read Python 2 or Python 3.
```

输出应该是：

```
2:2
3.:1
3?:1
New:1
Python:5
Read:1
and:1
between:1
choosing:1
or:2
to:1
```

参考程序如下：

```
# xt4-3-24
freq = {}   # frequency of words in text
print("请输入: ")
line = input()
for word in line.split():
    freq[word] = freq.get(word,0)+1
words = sorted(freq.keys())   #按key值对字典排序
for w in words:
    print ("%s:%d" % (w,freq[w]))
```

25. 输出如下数列在 1000000 以内的值：$k(0)=1,k(1)=2,k(n)=k(n-1)^2+k(n-2)^2$，以逗号分隔。其中，$k(n)$ 表示数列。

参考程序如下：

```
# xt4-3-25
a,b=1,2
ls=[]
ls.append(str(a))
while b<1000*1000:
    a,b = b,a**2+b**2
    ls.append(str(a))
print(",".join(ls))
```

26. 请编程将十进制数转换为二进制数。

参考程序如下：

```
# xt4-3-26
n = eval(input("请输入一个整数: "))
ls = []
while n>0:
    ls.append(n%2)
    n=n//2
print("转换结果为: ",end="")
for i in range(len(ls)-1,-1,-1):
    print(ls[i],end="")
```

27. 输入一个整数，求其逆序数。

参考程序如下：

```
#xt4-3-27
n = int(input("Enter a number: "))
m = n
s = 0
while n != 0:
    s = s * 10 + n % 10
    n //= 10
print("reversed({:d}) = {:d}".format(m, s))   # 字符串的 format()方法中参数输出的位置和格式等由其前面
                                               # 字符串中的{}位置和格式(d表示十进制整数)决定
```

# 第 5 章　字符串与正则表达式

## 一、选择题

| 题号 | 1 | 2 | 3 | 4 | 5 |
|------|---|---|---|---|---|
| 答案 | D | C | A | D | B |

## 二、简答和操作题

1. 指定输出宽度为 20，以*作为填充符号右对齐输出"Python"字符串，请完善代码：

```
s="Python"
print("{ ① }".format( ② ))
```

①0:*>{1}　　②s,20

2. 获得用户输入的一个数字，增加数字的千位分隔符，以 20 个字符宽度居中输出，请完善代码：

```
n=input("请输入数字：")
print("{ ① }".format( ② ))
```

①:^20,　　　②eval(n)

3. 将用户输入的字符串循环左移 1 位输出，请完善代码：

```
s = input("请输入一个字符串：")
print( ① )
```

①s[1:]+s[0]

4. 将用户输入的字符串逆序输出，请完善代码：

```
s = input("请输入一个字符串：")
print( ① )
```

①s[::-1]

5. 获得用户输入的一个数字，替换其中 0~9 为中文字符"零一二三四五六七八九"，输出替换后的结果，请完善代码：

```
n = input("请输入一个数字：")
s = "零一二三四五六七八九"
for c in "0123456789":
    n=    ①
print(n)
```

①n.replace(c,s[eval(c)])

6. 表达式 re.split('\.+','alpha.beta...gamma..delta') 的值为_____。

```
['alpha', 'beta', 'gamma', 'delta']
```

7. print(re.match('^[a-zA-Z]+$','abcDEFG000'))的结果是_____。

```
None
```

8. 写一个正则表达式，使其能同时识别下面所有的字符串：'bat', 'bit', 'but', 'hat', 'hit', 'hut'。

```
r"..t"
```

9. 写一个正则表达式，提取出字符串中的单词。

```
r"\b[a-zA-Z]+\b"
```

10. 写一个正则表达式，匹配字符串的整数或者小数。

```
r"\d+(\.\d+)?"
```

## 三、编程题

1. 字符串 s 中保存了论语中的一句话，请编程统计 s 中汉字和标点符号的个数。

```
s="学而时习之,不亦说乎?有朋自远方来,不亦乐乎?人不知而不愠,不亦君子乎?"
```

参考程序如下：

```
# xt5-3-1
s="学而时习之,不亦说乎?有朋自远方来,不亦乐乎?人不知而不愠,不亦君子乎?"
m=s.count(',')+s.count('?')        #标点符号个数
n=len(s)-m                         #汉字个数
print("汉字个数为{},标点符号个数{}。".format(n,m))
```

2. 网站要求用户输入用户名和密码进行注册。编写程序以检查用户输入的密码的有效性。
以下是检查密码的标准：
（1）[a-z]中至少有 1 个字母；
（2）[0-9] 中至少有 1 个数字；
（3）[A-Z] 中至少有 1 个字母；
（4）[$#@]中至少有 1 个字符；
（5）最小交易密码长度：6；
（6）最大交易密码长度：12。
程序应接受一系列逗号分隔的密码，并根据上述标准进行检查。打印符合条件的密码，每个密码用逗号分隔。
例如，如果以下密码作为程序的输入：

```
ABd1234@1,a F1#,2w3E*,2We3345
```

程序的输出应该是：

```
ABd1234 @ 1
```

参考程序如下：

```
# xt5-3-2
import re
value = []
print("请输入: ")
items=[x for x in input().split(',')]
for p in items:
    if len(p)<6 or len(p)>12:
        continue
    else:
        pass
    if not re.search("[a-z]",p):
        continue
    elif not re.search("[0-9]",p):
        continue
    elif not re.search("[A-Z]",p):
        continue
    elif not re.search("[$#@]",p):
        continue
    elif re.search("\s",p):
        continue
    else:
        pass
    value.append(p)
print (",".join(value))
```

3. 编写程序，用户输入一段英文，输出这段英文中所有长度为 3 个字母的单词。
参考程序如下：

```
# xt5-3-3
import re
x = input('Please input a string:')
pattern = re.compile(r'\b[a-zA-Z]{3}\b')
print(pattern.findall(x))
```

4. 假设有一段英文，其中有单独的字母 "I" 误写为 "i"，请编写程序进行纠正。
参考程序如下：

```
# 不使用正则表达式
# xt5-3-4-1
x = "i am a teacher,i am man, and i am 38 years old.I am not a businessman."
x = x.replace('i ','I ')
x = x.replace(' i ',' I ')
print(x)
# 使用正则表达式
# xt5-3-4-2
x = "i am a teacher,i am man, and i am 38 years old.I am not a businessman."
import re
```

```
pattern = re.compile(r'(?:[^\w]|\b)i(?:[^\w])')
while True:
    result = pattern.search(x)
    if result:
        if result.start(0) != 0:
            x = x[:result.start(0)+1]+'I'+x[result.end(0)-1:]
        else:
            x = x[:result.start(0)]+'I'+x[result.end(0)-1:]
    else:
        break
print(x)
```

5. 有一段英文文本，其中有单词连续重复了 2 次，编写程序检查重复的单词并只保留一个。例如文本内容为 "This is is a desk."，程序输出为 "This is a desk."

参考程序如下：

（1）方法一

```
# xt5-3-5-1
import re
x = 'This is a a desk.'
pattern = re.compile(r'\b(\w+)(\s+\1){1,}\b')
matchResult = pattern.search(x)
x = pattern.sub(matchResult.group(1),x)
print(x)
```

（2）方法二

```
# xt5-3-5-2
import re
x = 'This is a a desk.'
pattern = re.compile(r'(?P<f>\b\w+\b)\s(?P=f)')
matchResult = pattern.search(x)
x = x.replace(matchResult.group(0),matchResult.group(1))
print(x)
```

6. 自定义函数 move_substr(s, flag, n)，将传入的字符串 s 按照 flag（1 代表循环左移，2 代表循环右移）的要求左移或右移 n 位，结果返回移动后的字符串，若 n 超过字符串长度则结果返回–1。

参考程序如下：

```
# xt5-3-6
def moveSubstr(s, flag, n):
    if n > len(s):
        return -1
    else:
        if flag == 1:
            return s[n:] + s[:n]
        else:
            return s[-n:]+ s[:-n]

if __name__ == "__main__":
    s, flag, n = input("enter the 'string,flag,n': ").split(',')
    result = moveSubstr(s, int(flag), int(n))
    if result != -1:
        print(result)
```

```
        else:
            print('the n is too large')
```
测试情况如下：

```
enter the 'string,flag,n': abcdefg,1,1
bcdefga
```

7. 键盘输入一行字符串，请编程统计其中中文字符的个数。基本中文字符的 Unicode 编码范围是 4E00~9FA5。

参考程序如下：

```
# xt5-3-7
s=input("请输入：")
count = 0
for c in s:
    if 0x4e00 <= ord(c) <=0x9fa5:
        count += 1
print(count)
```

8. 键盘输入一行字符串，请编程输出每个字符对应的 Unicode 值，一行输出，逗号分隔。

参考程序如下：

```
# xt5-3-8
s = input("请输入一个字符串：")
ls = []
for c in s:
    ls.append(str(ord(c)))
print(",".join(ls))
```

9. 定义函数 countchar()，按字母表顺序统计字符串中所有出现的字母的个数（允许输入大写字符，并且计数时不区分大小写）。

参考程序如下：

```
#xt5-3-9
def countchar(string):
    ls = []
    for i in range(26):
        ls.append(0)
    for c in string:
        if c.isupper():
            ls[ord(c)-ord('A')] += 1
        elif c.islower():
            ls[ord(c)-ord('a')] += 1
        else:
            continue
    return ls
if __name__ == "__main__":
    string = input()
    print(countchar(string))
```

# 第 6 章　函数与模块

## 一、选择题

| 题号 | 1 | 2 | 3 | 4 | 5 | 6 | 7 | 8 | 9 | 10 |
|------|---|---|---|---|---|---|---|---|---|----|
| 答案 | B | A | B | C | D | C | D | D | D | D |

## 二、阅读程序题

1. 下面代码的输出结果是:

```
a,b,c
a:b:c
```

2. 下面代码的输出结果是:

```
13
16
15
```

3. 下面代码的输出结果是:

```
10
```

4. 下面代码的输出结果是:

```
 [44, 55]
```

5. 下面代码的输出结果是:

```
20 10
```

6. 下面代码的输出结果是:

```
5 3
```

## 三、编程题

1. 请定义函数 count(str,c)，检查字符串 str 中单个字符 c 出现的次数，返回这个次数。

参考程序如下:

```
#xt6-3-1
def count(string,c):
    count = 0
    for i in range(len(string)):
        if string[i]==c:
            count+=1
    return count
```

```
if __name__ == "__main__":
    s=input("请输入一个字符串: ")
    c=input("请输入待查找字符: ")
    print("字符个数为: ",count(s,c))
```

2. 编写函数，模拟 Python 内置函数 sorted()，以列表数据进行测试。

参考程序如下：

```
#xt6-3-2
def Sorted(v):
    t = v[::]
    r = []
    while t:
        tt = min(t)
        r.append(tt)
        t.remove(tt)
return r
if __name__ == "__main__":
    s=[2,5,3,1,4]
    print(Sorted(s))
```

3. 如果一个 $n$ 位数刚好包含了 1 至 $n$ 中所有数字各一次，则称它是全数字（pandigital）的，例如四位数 1324 就是 1 至 4 全数字的。从键盘上输入一组整数，输出其中的全数字。

输入样例如下：

```
1243,322,321,1212,2354
```

输出样例如下：

```
1243
321
```

参考程序如下：

```
#xt6-3-3
def pandigital(num):
    str_num = num.split(',')
    print(str_num)
    for j in range(len(str_num)):
        for i in range(1, len(str_num[j])+1):
            if str(i) not in str_num[j]:
                break
        else:
            print(str_num[j])
if __name__ == "__main__":
    lst = pandigital(input())
```

4. 定义函数 countchar(str)按字母表顺序统计字符串中所有出现的字母的个数（允许输入大写字符，并且计数时不区分大小写）。

输入样例如下：

```
Hello, World!
```

输出样例如下:

```
[0, 0, 0, 1, 1, 0, 0, 1, 0, 0, 0, 3, 0, 0, 2, 0, 0, 1, 0, 0, 0, 0, 1, 0, 0, 0]
```

参考程序如下:

```
#xt6-3-4
def countchar(string):
    ls = []
    for i in range(26):
        ls.append(0)
    for c in string:
        if c.isupper():
            ls[ord(c)-ord('A')] += 1
        elif c.islower():
            ls[ord(c)-ord('a')] += 1
        else:
            continue
    return ls
if __name__ == "__main__":
    string = input()
    print(countchar(string))
```

5. 从键盘上输入一个列表,编写一个函数计算列表元素的平均值。

参考程序如下:

```
#xt6-3-5
def mean(numlist):
    s=0.0
    for num in numlist:
        s+=num
    return s/len(numlist)
if __name__ == "__main__":
    ls=eval(input("请输入一个列表: "))
    print("平均值为: ",mean(ls))
```

6. 编写一个函数 IsPrime(),参数为整数,判断参数是否为质数,并设计主函数测试。

参考程序如下:

```
#xt6-3-6
def IsPrime(x):
    for i in range(2,x//2):
        if (x%i)==0:
            return False
    return True
if __name__ == "__main__":
    a=eval(input("请输入一个整数: "))
    if IsPrime(a):
```

```
        print(a,"是质数")
    else:
        print(a,"不是质数")
```

7. 找出 $n$ 个默尼森数。$P$ 是素数且 $M$ 也是素数，并且满足等式 $M=2^P-1$，则称 $M$ 为默尼森数。例如，$P=5$，$M=2^P-1=31$，5 和 31 都是素数，因此 31 是默尼森数。

参考程序如下：

```
#xt6-3-7
from math import sqrt
def prime(n):
    for divisor in range(2, int(sqrt(n))+1):
        if n%divisor == 0:
            return False
    return True

n = eval(input("请输入n:"))
count = 0
i = 2
while count<n:
    m = pow(2,i)-1
    if prime(i) and prime(m):
        count += 1
        print(m,end=" ")
    i += 1
```

测试情况如下：

```
请输入n:10
3 7 31 127 8191 131071 524287 2147483647
```

8. 设计递归函数实现字符串逆序。

参考程序如下：

```
#xt6-3-8
def func(s):
    if s=='':
        return s
    else:
        return func(s[1:])+s[0]
print(func('abcde'))
```

# 第 7 章　文件

## 一、选择题

| 题号 | 1 | 2 | 3 | 4 | 5 | 6 | 7 | 8 | 9 | 10 |
|------|---|---|---|---|---|---|---|---|---|----|
| 答案 | D | D | B | C | D | B | A | A | C | D |

## 二、简答题

1. 请说明下面 3 种读取文件方式的不同：

```
text = file.read()
text = file.readline()
text = file.readlines()
```

答：

read()：读取整个文件，将换行符和每行内容一起组合成一个字符串。

readline()：每执行一次读取一行，再次执行读取下一行。

readlines()：读取整个文件到一个迭代器（如列表）以供我们遍历，每行内容作为列表中的一个元素。

2. 请总结采用 CSV 格式对二维数据文件的读写方法。

（1）读 CSV 格式文件（以 data.csv 为例）

```
f=open("data.csv","r")
ls = []
for line in f:
        ls.append(line.strip('\n').split(","))
f.close()
```

（2）写 CSV 格式文件

```
#此处假设二维列表 ls 已经存在
f=open("data.csv","w")
for row in ls:
        f.write(",".join(row)+"\n")
f.close()
```

## 三、编程题

1. 统计一个指定字符在一个文件中出现的次数。

参考程序如下：

```
#xt7-3-1.py
fr=open("D:\\f.txt","r")
s=fr.read()
count = 0
ch = input("请输入指定字符：")
for i in range(len(s)):
```

```
        if s[i] == ch:
            count += 1
print("count=",count)
fr.close()
```

2. 编写一个程序将一个英文文本文件中的所有大写字母转换成小写字母、小写字母转换成大写字母，然后以添加的方式写入该文件。

参考程序如下：

```
#xt7-3-2.py
fr=open("D:\\f.txt","r+")
lines=fr.readlines()
fr.write("\n")
for eachline in lines:
    fr.write(eachline.swapcase())
fr.close()
```

3. 有两个文件 file1.txt 和 file2.txt，各存放一行字符，编写一个程序将文件内容合并到一起并写入 file3.txt 文件。

参考程序如下：

```
#xt7-3-3.py
fp1=open("D:\\file1.txt","r")
fp2=open("D:\\file2.txt","r")
fp3=open("D:\\file3.txt","w")
a=fp1.read()
b=fp2.read()
ls=list(a+"\n"+b)
s=''.join(ls)
fp3.write(s)
fp1.close()
fp2.close()
fp3.close()
```

4. 写一个程序比较两个文件的内容。如果文件完全相同，输出"OK"，否则输出"NO"。

参考程序如下：

```
#xt7-3-4.py
def bijiao(f1,f2):
    f1=open(f1)
    f2=open(f2)
    for a in f1:
        b=f2.readline()
        if a!=b:
            return 1
    f1.close()
    f2.close()
    return 0

f1=input('请输入第一个文件名：')
```

```
f2=input('请输入第二个文件名：')
c=bijiao(f1,f2)
if c==0:
        print('OK!')
else:
        print('NO!')
```

5. 以【例 7-11】中的结果文件（score2.txt）为对象，编程将文件中的内容按总成绩由高到低排序后写入 score3.txt。

排序结果如图 1-7-1 所示。

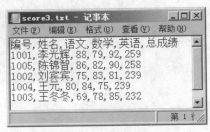

图 1-7-1　排序结果

参考程序如下：

```
#xt7-3-5.py
fr=open("D:\\abc\\score2.txt",'r')
fw=open("D:\\abc\\score3.txt",'w')
lines=fr.readlines()
field=lines.pop(0).split(',')          #移除表头
N=len(lines)                           #求有效数据的行数
#print("N = ",N)
score=[]                               #保存每个人的成绩
for eachline in lines:
        t=eachline.split(',')                  #取出每行数据，即列表 lines 中的一个元素
        s=[]
        for i in range(len(t)):
            s.append(t[i])
        score.append(s)
#print(score)
#按总成绩冒泡排序
li=[]
for i in range(N-1):
        for j in range(4-i):
                if int(score[j][5]) < int(score[j+1][5]):
                        li = score[j]
                        score[j] = score[j+1]
                        score[j+1] = li
print(score)
fr.seek(0,0)
lines=fr.readline()
fw.write(lines)                                #写入表头
```

```
for i in range(N):
    for j in range(5):
            fw.write(str(score[i][j])+",")      #写入每行有效数据
        fw.write(str(score[i][j+1]))            #写入每行最后一个数据
fr.close()
fw.close()
```

6. 利用程序生成一个列表[11, 22, …, 99]，然后将其写入文件 list.txt，再用 print()函数输出。

参考程序如下：

```
#xt7-3-6.py
fw=open("D:\\list.txt","w")
ls=[]
for i in range(1,10):
        ls.append(i*10+i)
print(ls)
for i in range(len(ls)):
        fw.write(str(ls[i])+" ")
fw.close()
fr=open("D:\\list.txt","r")
str=fr.readlines()
print(str)
fr.close()
```

7. 请编程实现文件复制。

参考程序如下：

```
#xt7-3-7
def filecopy(source,dest):
    infile = open(source,"r")
    outfile = open(dest,'w')
    for line in infile:
            outfile.write(line)
    print('Done!')


if __name__=="__main__":
        file1 = input("请输入源文件完整路径：")
        file2 = input("请输入目标文件完整路径：")
        filecopy(file1,file2)
```

8. 将文件 infile 中所有以大写字母开头的行复制到文件 outfile 中。

参考程序如下：

```
#xt7-3-8
def filecopy(source,dest):
    infile = open(source,"r")
    outfile = open(dest,'w')
    for line in infile:
            if line[0].isupper():
                    outfile.write(line)
```

```
        print('Done!')

if __name__=="__main__":
        infile = input("请输入源文件完整路径: ")
        outfile = input("请输入目标文件完整路径: ")
        filecopy(infile, outfile)
```

# 第 8 章 Python 计算生态

## 一、选择题

| 题号 | 1 | 2 | 3 | 4 | 5 | 6 | 7 | 8 | 9 | 10 |
|------|---|---|---|---|---|---|---|---|---|----|
| 答案 | D | D | B | A | A | C | D | A | D | A |
| 题号 | 11 | 12 | 13 | 14 | 15 | 16 | 17 | 18 | 19 | 20 |
| 答案 | B | A | B | D | D | A | C | A | B | C |

## 二、编程题

1. 利用 turtle 库中的函数完成图 1-8-1 所示的叠加等边三角形的绘制。

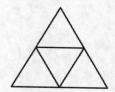

图 1-8-1　叠加等边三角形绘制效果

参考程序如下：

方法一：

```
#xt8-3-1-1
import turtle as t
t.setup(600, 600, None,None)
t.pu()
t.fd(-120)
t.pensize(5)
t.width(5)
t.pencolor("darkgreen")
t.pd()
t.fd(250)
t.seth(120)
t.pencolor("black")
t.fd(250)
t.seth(-120)
t.pencolor("blue")
t.fd(250)
t.pencolor("purple")
t.fd(250)
t.seth(0)
t.pencolor("green")
t.fd(250)
t.pencolor("gold")
t.fd(250)
t.seth(120)
```

```
t.pencolor("red")
t.fd(250)
t.seth(-120)
t.pencolor("grey")
t.fd(250)
t.seth(120)
t.pencolor("violet")
t.fd(250)
```

方法二：

```
#xt8-3-1-2
import turtle
turtle.pensize(3)
for i in range(3):
    turtle.forward(100)
    turtle.right(120)
turtle.left(60)
turtle.forward(100)
for i in range(3):
    turtle.right(120)
    turtle.forward(200)

turtle.hideturtle()
turtle.done()
```

方法三：

```
#xt8-3-1-3
from turtle import          *#导入turtle模块
from math import            *#导入math模块
#定义函数
def triangle1(L,n):                 #L为外框等边三角形边长，n为细分的三角形数量
    for i in range(n):
        left(60)
        forward(L*((n-i)/(n)))
        right(120)
        forward(L/n)
        x,y = position()          # 记录指针坐标
        while y>0.1:              # 如果指针到达地平面，则退出循环
            right(120)
            forward(L/n)
            left(120)
            forward(L/n)
            x,y = position()
        left(60)
    left(180)
    forward(L)
speed(0)
ht()
triangle1(200,2)
```

2. 利用 random 库中提供的函数，编程完成以下要求：

（1）从 0~100 中随机产生 10 个奇数；

（2）从字符串 "Ilovepython!" 中随机选取 4 个字符并输出；

（3）从列表['red', 'black', 'blue', 'white', 'pink']中随机选取 1 个字符串。

参考程序如下：

```
#xt8-3-2
import random
ls = []
i=0
while i<10:
    x =random.randint(0,100)
    if x%2==1:
        ls.append(x)
        i+=1
print(ls)
string = "Ilovepython!"
i=0
while i<4:
    p =random.randint(0,len(string)-1)
    print(string[p],end="")
    i+=1
print()
ls = ['red', 'black', 'blue', 'white', 'pink']
p =random.randint(0,len(ls)-1)
print(ls[p])
```

3. 某公司 1 月销售统计表数据如图 1-8-2 所示（January.csv），销售员收入（salary）=基本工资（basesalary）+销售额（sales）×提成比例（ratio），请利用 pandas 库提供的方法从文件读入原始数据后完成计算，并将更新后的数据写入另一文件（Salary.csv）。

| | A | B | C | D | E | F |
|---|---|---|---|---|---|---|
| 1 | No | name | basesalary | sales | ratio | salary |
| 2 | 1001 | zhang | 2000 | 5000 | 0.15 | |
| 3 | 1002 | wang | 2000 | 4000 | 0.15 | |
| 4 | 1003 | li | 2000 | 3300 | 0.15 | |
| 5 | 1004 | zhao | 2000 | 6100 | 0.15 | |
| 6 | 1005 | fang | 2000 | 2500 | 0.15 | |

图 1-8-2　January.csv 文件数据

参考程序如下：

```
#xt8-3-3.py
import pandas as pd
import numpy as np
data=pd.read_csv('D:\\January.csv')
print(data.head())
for i in range(5):
    data.salary[i]=data.basesalary[i]+data.sales[i]*data.ratio[i]
print(data.head())
data.to_csv('D:\\salary.csv')
```

4. 对"**Python** 语言是当前流行的计算机程序设计语言"进行分词，并输出结果。

参考程序如下：

```
#xt8-3-4.py
import jieba
str='Python 语言是当前最流行的计算机程序设计语言'
word1=jieba.cut(str,cut_all=False)    #精确模式
for item in word1:
    print(item)
```

5. 自选一篇不少于 200 字的报告或文摘（存放在文件 str.txt 中）进行分词，输出词频排名前五的词语。

参考程序如下：

```
#xt8-3-5.py
import jieba
fp = open("str.txt",encoding='utf-8')
str1=fp.read()
words=jieba.cut(str1,cut_all=True)     #完全匹配
counts={}
sumcount = 0
for word in words:
    counts[word]=counts.get(word,0)+1
    sumcount = sumcount + 1
sorted_word_freq = sorted(counts.items(), key=lambda v: v[1], reverse=True)
for item in sorted_word_freq[1:6]:    # 输出 Top 5 的单词
    print(item[0], item[1])
```

6. 模仿【例 8-11】，准备好一个形状图片（apple.png）和对应的介绍文本（apple.txt），创建一个指定形状的词云。

形状图片和词云效果如图 1-8-3 所示。

（a）形状图片　　　　　　　　　　　（b）词云效果图

图 1-8-3　形状图片和词云效果

参考程序如下：

```
#xt8-3-6.py
from wordcloud import WordCloud
import cv2
mask=cv2.imread('apple.png')
```

```
f=open('apple.txt','r',encoding='utf-8')
text=f.read()
wc = WordCloud(background_color="white",\
                width=800,\
                height=600,\
                max_words=400,\
                max_font_size=80,\
                mask=mask,\
                ).generate(text)
wc.to_file('apple.jpg')
```

# 第9章 面向对象程序设计

1. 编写程序，设计一个学生类，要求有一个计数器的属性，用于统计学生人数。

参考程序如下：

```python
#xt9-1.py
class Student:
    """学生类"""

    count = 0  # 计数
    def __init__(self, name, age):
        self.name = name
        self.age = age
        Student.count += 1  # 要使得变量全局有效，就定义为类的属性

    def learn(self):
        print("is learning")
stu1 = Student("张三", 20)
stu2 = Student("李四", 19)
stu3 = Student("王五", 22)
stu4 = Student("刘六", 21)
print("实例化了%s 个学生" % Student.count)
```

2. 编写程序，类 A 继承类 B，两个类都实现了 handle 方法，类 A 的 handle 方法中调用类 B 的 handle
方法。

参考程序如下：

```python
#xt9-2.py
class B:
    """类B"""
    def __init__(self):
        print("B.__init__")
        pass

    def handle(self):
        print("B.handle")

class A(B):
    """类A"""
    def __init__(self):
        super().__init__()

    def handle(self):
        super().handle()  # super 依赖于继承
```

```
a = A()
a.handle()
```

3. 简单解释 Python 中以下画线开头的变量名特点。

答:

（1）_xxx: 以一个下画线开头的成员称为保护成员,只有类和子类对象能访问这些成员。

（2）__xxx: 以两个连续下画线开头的成员称为私有成员,只有类对象自己能访问,但在对象外部可以通过"对象名._类名__xxx"这样的特殊方式来访问。

（3）__xxx__: 用两个连续下画线作为变量前缀和后缀来表示系统定义的特殊成员。

4. 请分析下面这段代码的输出结果。

```
class Parent(object):
    x = 1
class Child1(Parent):
    pass
class Child2(Parent):
    pass

print(Parent.x, Child1.x, Child2.x)
Child1.x = 2
print(Parent.x, Child1.x, Child2.x)
Parent.x = 3
print(Parent.x, Child1.x, Child2.x)
```

结果（注释为分析）如下:

```
1 1 1    #继承自父类的类属性 x,所以都一样,指向同一块内存地址
1 2 1    #更改 Child1,Child1 的 x 指向了新的内存地址
3 2 3    #更改 Parent,Parent 的 x 指向了新的内存地址
```

5. 请分析下面这段代码的输出结果。

```
class Dog(object):
    def __init__(self,name):
        self.name = name
    def play(self):
        print('%s 蹦蹦跳跳地玩'%self.name)

class XiaotianDog(object):
    def __init__(self,name):
        self.name = name
    def play(self):
        print('%s 飞上天玩'%self.name)

class Person(object):
    def __init__(self,name):
        self.name = name
    def play_with_dog(self,Dog):
```

```
                print('%s 和 %s一起玩' %(self.name,Dog.name))
                Dog.play()
#1.创建一个狗对象
wangcai = XiaotianDog('旺财')
#2.创建一个人对象
xiaoming = Person('小明')
#3.让小明调用狗，和狗玩
xiaoming.play_with_dog(wangcai)
```

结果如下：

```
小明 和 旺财一起玩
旺财 飞上天玩
```

# 第 10 章　异常处理

1. 下列代码运行时提示错误 NameError: name 'r' is not defined，请改正其中的错误。

```
import math
class Circle:
    def __init__(self, r):
        self.r = r
    def area(self):
        return math.pi*r*r
c = Circle(2)
print(c.area())
```

答：area 方法中，对类实例成员的引用应改为 return math.pi*self.r* self.r。

2. 函数 incr 定义如下：

```
def incr(n=1): return lambda x: x + n
```

下列各调用输出的结果是什么?

（1）调用一

```
f = incr()
g= f(2)
print(g)
```

（2）调用二

```
f = incr
g= f(2)
print(g)
```

答：

（1）使用默认参数调用 incr 函数，返回一个函数赋给 f，相当于

```
def f(x): return x+1
```

故输出 g 的值为 3。

（2）id(incr)等于 id(f) ，变量 f 和 incr 是相同的函数，即 f 定义为

```
def f(n=1): return lambda x: x + n
```

而 g 的定义相当于

```
def g(x): return x+2
```

故最后输出一个函数对象。

3. 把下列 while 循环代码改用 for 循环完成，比较二者的区别。

```
ls = [3, 5, 9, 2, 8]
i = 0;
while i < len(ls):
    print ls[i];
    i += 1
```

答：for i in ls: print i

4. 若 T = (1, 2, 3)，T[2] = 4 是否能将列表的最后一个元素改为 4？如果不能改，应该怎样实现？

答：用切片构建一个新的对象，T = T[:2] + (4,)   # T 变成了 (1, 2, 4)。

5. 执行下列脚本后，L 和 M 的值各是什么？

```
>>> L = [1, 2, 3]
>>> M = ['X', L[:], 'Y']
>>> L[1] = 0
```

答：M 使用空列表的切片创建 L 的副本，L[1]仅仅改变了 L，但是不影响 M。

```
>>> L
[1, 0, 3]
>>> M
['X', [1, 2, 3], 'Y']
```

6. 写出下列代码的输出。

```
>>>x = 0
>>>def func():
    global x
    print(x, end=' ') #1
    x = 9
    print(x)          #2
>>>func()
```

答：此时#1 处输出全局变量 x 的值，#2 处赋值语句定义局部变量 x，之后输出 0 和 9。

7. 代码如下，若两个输入分别是 5 和 2，输出结果是什么？

```
try:
    x = int(input("\nFirst number: "))
    y = int(input("Second number: "))
    print(x/y)
except ZeroDivisionError as e1:  #①
    print("You can't divide by 0!")
except ValueError as e2:         #②
    print(e2)
else:
    print('no error!')
```

答：输出 2.5 <ENTER>no error!

# 第 11 章　GUI 程序设计

1. 定义一个 Entry 控件，绑定字符串变量，按回车键输出 Entry 中的字符串，如下所示：

```
Contents of entry is: this is a variable.
```

效果如图 1-11-1 所示。

参考程序如下：

```
#xt11-1
from tkinter import *
class App(Frame):
    def __init__(self, master=None):
        super().__init__(master)
        self.contents = StringVar()
        self.contents.set("this is a variable")
        self.entrythingy = Entry(textvariable=self.contents)
        self.entrythingy.pack()
        self.entrythingy.bind('<Key-Return>', self.print_contents)
    def print_contents(self, event):
        print("Contents of entry is: ", self.contents.get())
App().mainloop()
```

2. 向窗体中添加一个按钮，如图 1-11-2 所示。单击按钮打开颜色选择器（参照配套主教材【例 11-13】），为按钮设置背景色。

图 1-11-1　第 1 题效果图

图 1-11-2　第 2 题效果图

参考程序如下：

```
#xt11-2
from tkinter import *
from tkinter.colorchooser import askcolor
def setBgColor():
    (triple, hexstr) = askcolor()
    if hexstr: push.config(bg=hexstr)

root = Tk()
push = Button(root, text='Set Background Color', command=setBgColor)
push.config(height=3, font=('times', 20, 'bold'))
push.pack(expand=YES, fill=BOTH)
root.mainloop()
```

3. 使用 grid 几何布局管理实现登录程序，用户确认后弹出对话框给出欢迎信息或错误提示。

参考程序如下：

```
#xt11-3
import tkinter as tk
from tkinter.messagebox import *
def fetch():
    name, password = e1.get(), e2.get()
    if not(name and password):
        showwarning('Warning', '请输入账号和密码!')
    elif password=="12345":
        showinfo('欢迎使用! ','Welcome !')
    else:
        showinfo('输入有误! ','账号或密码有误!')
def quit():
    ans = askokcancel('Verify exit', "Really quit?")
    if ans:
        root.destroy()

root = tk.Tk()
tk.Label(root,text="账号").grid(row=0, column=0)
tk.Label(root,text="密码 ").grid(row=1, column=0)
e1 = tk.Entry(root)
e2 = tk.Entry(root,show="*")
e1.grid(row=0, column=1)
e2.grid(row=1, column=1)
btn1 = tk.Button(root,text='确定', command=fetch)
btn1.grid(row=3,column=0,sticky=tk.W,padx=4,pady=4)
btn2 = tk.Button(root,text='取消',command=quit)
btn2.grid(row=3,column=1,sticky=tk.E,padx=4,pady=4)
root.bind('<Return>',lambda event:fetch())
tk.mainloop()
```

运行效果如图 1-11-3 所示。

图 1-11-3　运行效果

# 第 12 章 数据库编程

使用 SQLite 数据库或 MySQL 数据库设计一个学生通讯录，初始数据从 CSV 文件读入，可以查询、添加、删除记录信息。

设通讯录所含信息如图 1-12-1 所示，以 SQLite 数据库为例，对数据库的查询、添加、删除过程见参考程序。

参考程序如下：

图 1-12-1　通讯录所含信息

```
#xt12-1
import sqlite3
cn=sqlite3.connect('e:/addressbook.db')
sql="create table data(姓名 text,单位 text,年龄 int,电话 text,QQ text)"
cn.execute(sql)
mf=open('E:/addressbook.csv',newline='')
import csv
data=csv.reader(mf,delimiter=',')
d1=[]
for a in data:
    d1.append(tuple(a))
del d1[0]  #删除标题行
cn.executemany('insert into data values(?,?,?,?,?)',d1)
cn.commit()  #提交修改
#查询所有记录（SQL 语句带上条件就是条件查询）
cur=cn.execute('select * from data')
for x in cur.fetchall():
    print(x)
#添加信息
print("请输入添加人员信息: ")
name=input("姓名: ")
dept=input("单位: ")
age=int(input("年龄: "))
tele=input("电话: ")
qq=input("QQ: ")
cn.execute('insert into data values(?,?,?,?,?)',[name,dept,age,tele,qq])
cn.commit()
cur=cn.execute('select * from data')
for x in cur.fetchall():
    print(x)
#删除人员
print("请输入待删人员姓名: ")
name=input("姓名: ")
cn.execute('delete from data where 姓名=\'%s\''%name)
cn.commit()
cur=cn.execute('select * from data')
```

```
for x in cur.fetchall():
    print(x)
cn.close()
mf.close()
```

# 第 13 章　图形绘制

1. 请访问国家统计局官网获取数据，使用 matplotlib 绘图。

（1）获取最近 12 个季度国内生产总值的数据，绘制直方图反映近三年国内生产总值的变化。

（2）获取上一年第一产业、第二产业和第三产业的增加值，绘制饼图，得出三大产业在国民经济中的比重。

从国家统计局官网获取的最近 12 个季度国内生产总值统计数据如表 1-13-1 所示（2019(2)表示 2019 年第二季度，单位：亿元）。

**表 1-13-1　　　　　　　　　　　最近 12 个季度国内生产总值**

| 季度 | 2019(2) | 2019(1) | 2018(4) | 2018(3) | 2018(2) | 2018(1) |
|------|---------|---------|---------|---------|---------|---------|
| GDP | 237500.3 | 213432.8 | 253598.6 | 229495.5 | 219295.4 | 197920 |
| 季度 | 2017(4) | 2017(3) | 2017(2) | 2017(1) | 2016(4) | 2016(3) |
| GDP | 232349 | 209824.1 | 199177.8 | 179403.4 | 209877.2 | 189338 |

2018 年三大产业增加值如表 1-13-2 所示（单位：亿元）。

**表 1-13-2　　　　　　　　　　　2018 年三大产业增加值**

| 第一产业 | 第二产业 | 第三产业 |
|----------|----------|----------|
| 64734 | 366000.9 | 469574.6 |

（1）参考程序如下：

```
#xt13-1-1
# -*- coding: utf-8 -*-
import matplotlib.pyplot as plt
from matplotlib.font_manager import FontProperties
font = FontProperties(fname=r"C:\Windows\Fonts\simhei.ttf", size=14)

gdp = [237500.3,213432.8,253598.6,229495.5, 219295.4, 197920,
        232349,209824.1,199177.8,179403.4,209877.2,189337.6]
base = [180000,190000,200000,210000,220000,230000,240000,250000,260000]
plt.hist(gdp, base, histtype='bar', rwidth=0.8)
plt.legend()
plt.xlabel('GDP-group')
plt.ylabel('group')
plt.title(u'近12 个季度 GDP 直方图', FontProperties=font)
plt.show()
```

直方图效果如图 1-13-1 所示。

（2）参考程序如下：

```
#xt13-1-2
# -*- coding: utf-8 -*-
```

```
import matplotlib.pyplot as plt
import matplotlib
labels=['第一产业','第二产业','第三产业']
X=[64734,366000.9,469574.6]
matplotlib.rcParams['font.sans-serif']=['SimHei']   #使用指定的汉字字体类型（此处为黑体）
plt.pie(X,labels=labels,autopct='%4.2f%%')  #画饼图
plt.title("三大产业数据分布")
plt.show()
```

饼图效果如图 **1-13-2** 所示。

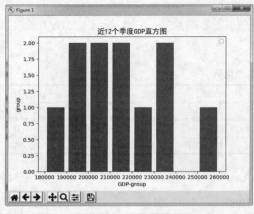

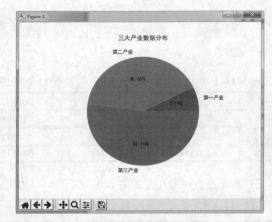

图 1-13-1　直方图效果　　　　　　　　　　　　图 1-13-2　饼图效果

2．仿照 QQ、微信等软件的未读消息提示，自选一幅图片，调用 **PIL** 的相关函数，在图上加上数字。
参考程序如下：

```
#xt13-2
from PIL import Image, ImageDraw, ImageFont
def add_num(img):
    draw = ImageDraw.Draw(img)
    myfont = ImageFont.truetype('C:/windows/fonts/Arial.ttf', size=100)
    width, height = img.size
    draw.text((width//2, height //2), '5', font=myfont, fill='red')
    img.save('added.jpg','jpeg')
image = Image.open(r'penguin.png')
add_num(image)
```

# 实验指导

# 实验一 安装和熟悉 Python 语言开发环境

**一、实验目的**

1. 掌握 Python 开发环境的下载、安装方法。

2. 掌握 Python 开发环境的使用技巧。

**二、知识要点**

1. Python 开发环境安装包的下载和安装过程，同一般软件的下载和安装过程相似。

2. IDLE 开发环境是 Python 默认的开发环境，可作为初学者调试程序的工具，简单易用。

**三、实验内容**

1. 了解待安装计算机的硬件配置（如操作系统是 64 位的还是 32 位的）。

2. 了解 Python 语言的发展历程及当前最高版本。

3. 到 Python 官网下载安装包。例如编写本书期间，适于 64 位 Windows 7 的安装包（python-3.7.4-amd64.exe）下载界面如图 2-1-1 所示。

图 2-1-1 安装包下载界面

4. 安装包下载完成后，执行安装后的启动界面（以 Python 3.7.3 版本为例）如图 2-1-2 所示，特别提醒，安装时请勾选上 Add Python 3.7 to PATH。安装成功界面如图 2-1-3 所示。安装程序将在系统中安装一些与 Python 开发相关的程序，最核心的是命令行环境和集成开发环境（Python's Integrated Development Environment，IDLE）。

图 2-1-2 Python 3.7.3 安装启动界面

图 2-1-3 Python 3.7.3 安装成功界面

5. 在 Windows 操作系统命令行工具（cmd.exe）中输入"Python"，即可启动 Python 命令行环境，也可在系统开始菜单的程序组中启动"IDLE Python 3.7(64-bit)"，界面如图 2-1-4 所示。在提示符>>>后输入代码：print("Hello World! ")，按回车键后即可输出结果"Hello World!"。输入 exit()可退出命令行环境。

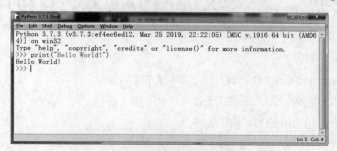

图 2-1-4　Python 命令行环境

6. 选择 Python 命令行环境 File 菜单中的 New File 菜单项，即可启动 IDLE 开发环境，界面如图 2-1-5 所示。在此环境下，可通过文件的方式组织 Python 程序，文件扩展名为.py。程序编辑完成后可执行 File 菜单下的 Save/Save as 进行文件保存，执行 Run 菜单下的 Run Module 命令（或按 F5 功能键）运行程序。IDLE 是一个集成开发环境，可完成中小规模 Python 程序的编写与调试，本书所有程序均在此环境下编写并运行。

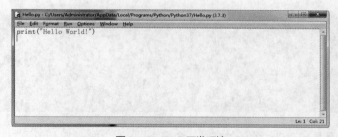

图 2-1-5　IDLE 开发环境

7. 自行学习，尝试安装其他 Python 集成开发环境，如 PyCharm、Sublime Text、Pydev 等。

# 实验二　数据的输入和输出

## 一、实验目的

1. 掌握 IPO（Input、Process、Output）程序编写方法。
2. 掌握 Python 程序中接收用户数据的方法。
3. 掌握 Python 程序中输出运行结果的方法。

## 二、知识要点

1. input 函数可以用于键盘数据的接收，默认接收字符串类型，可以利用 eval() 函数转换成数值类型。另外，可以利用 map()、split() 等函数的组合将多个数据接收到多个变量中。

2. print 函数可以按格式输出各类数据，支持如 %d、%f 等的格式符，也支持字符串类的 format() 函数来控制数据格式。

## 三、实验内容

1. 调试以下程序，分别输入数据 123 和 456，分析运行结果。

```
#sy2-1.py
n = eval(input("输入一个 3 位整数: "))
a = n//100
b = n//10%10
c = n%10
print("3 位整数分别为: {0},{1},{2}".format(a,b,c))
```

2. "鸡兔同笼"问题：将鸡和兔子关在同一个笼子里，假如知道鸡和兔子的总数为 $h$，鸡和兔子脚总数为 $f$，计算鸡和兔子分别有多少只？请完善程序。

输入：30，80

输出：鸡：20，兔子：10

```
#sy2-2.py
h,f = eval(input("请输入鸡兔总数和鸡兔脚总数(逗号间隔): "))
if h>0 and f>0:
        ①            # 变量 x 表示鸡的数量
        ②            # 变量 y 表示兔子的数量
    print("鸡: %d, 兔子: %d"%(x,y))
else:
    print("输入有误! ")
```

3. 从键盘上输入 3 个浮点数，计算并输出这 3 个数的平均值（保留两位小数）。

4. 从键盘输入一个大写字母，要求转换成小写字母并输出，当该小写字母不是 a 和 z 时，输出其相邻的两个字母。

5. 将从键盘分开输入的两个字符串组合成一个字符串后输出。

## 四、实验内容参考答案

1. 运行结果如下：

输入一个 3 位整数：123

3 位整数分别为：1，2，3

2. ① x=2*h-f/2　　② y= f/2-h

3. 参考程序如下：

方法一：

```
#sy2-3-1
a = eval(input("输入一个浮点数："))
b = eval(input("输入一个浮点数："))
c = eval(input("输入一个浮点数："))
print("3 个数平均值为：%.2f"%((a+b+c)/3))
```

方法二：

```
#sy2-3-2
a, b, c = map(float, input("输入三个浮点数：").split(","))#输入三个数，用逗号间隔
print("3 个数平均值为：%.2f"%((a+b+c)/3))
```

4. 参考程序如下：

```
#sy2-4
ch = input("请输入一个大写英文字母:");
if('A'<= ch <= 'Z'):
    print(ch.lower());
    if(ch != 'a' and ch!= 'z'):
        print("相邻小写字母为: ",chr(ord(ch)-1).lower(),chr(ord(ch)+1).lower());
else:
    print("不是大写字母!");
```

5. 参考程序如下：

```
#sy2-5
str1=input("请输入一个字符串：")
str2=input("请输入一个字符串：")
print("合并后：",str1+str2)
```

# 实验三  运算符和表达式

一、实验目的

1. 掌握 Python 基本数据类型的用法。
2. 掌握 Python 常量的表示方法。
3. 掌握 Python 变量的使用方法。
4. 掌握 Python 运算符的运算规则。
5. 熟悉部分 Python 内置函数。

二、知识要点

1. 算术运算符，有+、–、*、/、//、%、** 7 个运算符，其中//为整除运算，返回商的整数部分（向下取整），/为普通除法运算，结果为浮点型。

2. 比较运算符，有==、!=、<、>、<=、>= 6 个运算符，Python 3.X 不再支持<>运算符。

3. 赋值运算符，有=、+=、–=、*=、/=、%=、**=、//= 8 个运算符，=为基本赋值运算符，其他为复合赋值运算符（先运算再赋值）。

4. 位运算符，有~、&、|、^、<<、>> 6 个运算符，运算规则是将操作数转换成二进制再按位运算。

5. 逻辑运算符，有 not、and、or 3 个运算符，运算结果为逻辑值 True 或 False。

6. 成员运算符，有 in 和 not in 两个运算符，用于测试指定序列中是否包含特定元素，运算结果为逻辑值 True 或 False。

7. 身份运算符，有 is 和 is not 两个运算符，用于判断两个标识符是否引用自同一个对象，运算结果为逻辑值 True 或 False。

三、实验内容

1. 输入一个十进制整数，输出其对应的二进制、八进制、十六进制形式（进制转换函数分别为 bin()、oct()、hex()）。

2. 以下程序用于模拟蒙特卡罗法计算圆周率的近似值，请测试。

```python
#蒙特卡罗法计算圆周率
from random import random
times=int(input("请输入掷飞镖的次数:"))
hits=0
for i in range(times):
    x=random()
    y=random()
    if x*x+y*y<=1:
        hits+=1
print('击中次数',hits)
print('圆周率近似值',4.0*hits/times)
```

3. 从键盘上输入一个正整数，要求输出各位数字之和。

4. 输入 3 个整数 x, y, z，请把这 3 个数由小到大输出。

5. 以下程序是位运算符的应用，请分析结果并测试。

```
a = 60          # 60 = 0011 1100
b = 13          # 13 = 0000 1101
c = 0
c = a & b;       # 12 = 0000 1100
print ("1 - c 的值为: ", c)
c = a | b;        # 61 = 0011 1101
print ("2 - c 的值为: ", c)
c = a ^ b;        # 49 = 0011 0001
print ("3 - c 的值为: ", c)
c = ~a;          # -61 = 1100 0011
print ("4 - c 的值为: ", c)
c = a << 2;       # 240 = 1111 0000
print ("5 - c 的值为: ", c)
c = a >> 2;       # 15 = 0000 1111
print ("6 - c 的值为: ", c)
```

6. 以下程序是逻辑运算符的应用，请分析结果并测试。

```
a = 10
b = 20
if ( a and b ):
    print ("1 - 变量 a 和 b 都为 true")
else:
    print ("1 - 变量 a 和 b 有一个不为 true")
if ( a or b ):
    print ("2 - 变量 a 和 b 都为 true, 或其中一个变量为 true")
else:
    print ("2 - 变量 a 和 b 都不为 true")
#修改变量 a 的值
a = 0
if ( a and b ):
    print ("3 - 变量 a 和 b 都为 true")
else:
    print ("3 - 变量 a 和 b 有一个不为 true")
if ( a or b ):
    print ("4 - 变量 a 和 b 都为 true, 或其中一个变量为 true")
else:
    print ("4 - 变量 a 和 b 都不为 true")
if not( a and b ):
    print ("5 - 变量 a 和 b 都为 false, 或其中一个变量为 false")
else:
    print ("5 - 变量 a 和 b 都为 true")
```

7. 以下程序是成员运算符的应用，请分析结果并测试。

```
a = 10
b = 20
list = [1, 2, 3, 4, 5 ];
if ( a in list ):
    print ("1 - 变量 a 在给定的列表 list 中")
else:
    print ("1 - 变量 a 不在给定的列表 list 中")
if ( b not in list ):
    print ("2 - 变量 b 不在给定的列表 list 中")
else:
    print ("2 - 变量 b 在给定的列表 list 中")
#修改变量 a 的值
a = 2
if ( a in list ):
    print ("3 - 变量 a 在给定的列表 list 中")
else:
    print ("3 - 变量 a 不在给定的列表 list 中")
```

8. 以下程序是身份运算符的应用，请分析结果并测试。

```
a = 20
b = 20
if ( a is b ):
    print ("1 - a 和 b 有相同的标识")
else:
    print ("1 - a 和 b 没有相同的标识")
if ( id(a) == id(b) ):
    print ("2 - a 和 b 有相同的标识")
else:
    print ("2 - a 和 b 没有相同的标识")
#修改变量 b 的值
b = 30
if ( a is b ):
    print ("3 - a 和 b 有相同的标识")
else:
    print ("3 - a 和 b 没有相同的标识")
if ( a is not b ):
    print ("4 - a 和 b 没有相同的标识")
else:
    print ("4 - a 和 b 有相同的标识")
```

四、实验内容参考答案

1. 参考程序如下：

```
#sy3-1
dec = eval(input('十进制数为：'))
```

```
print("转换为二进制数: ", bin(dec))
print("转换为八进制数: ", oct(dec))
print("转换为十六进制数: ", hex(dec))
```

2. 运行结果为:

```
请输入掷飞镖的次数: 10000
击中次数 7831
圆周率近似值 3.1424
>>>
RESTART: C: \Users\Administrator
请输入掷飞镖的次数: 100000
击中次数 78410
圆周率近似值 3.1364
>>>
RESTART: C: \Users\Administrator
请输入掷飞镖的次数: 1000000
击中次数 785612
圆周率近似值 3.142448
>>>
RESTART: C: \Users\Administrator
请输入掷飞镖的次数: 10000000
击中次数 7852838
圆周率近似值 3.1411352
```

3. 参考程序如下:

```
#sy3-3
num=input("请输入一个整数:")
print(sum(map(int,num)))
```

4. 参考程序如下:

```
#sy3-4
ls = []
x,y,z = eval(input("请输入三个整数(逗号间隔): "))
ls.append(x)
ls.append(y)
ls.append(z)
ls.sort()
print(ls)
```

5. 运行结果为:

```
1-c 的值为: 12
2-c 的值为: 61
3-c 的值为: 48
```

```
4-c 的值为：-61
5-c 的值为：240
6-c 的值为：15
```

6. 运行结果为：

```
1-变量 a 和 b 都为 true
2-变量 a 和 b 都为 true，或其中一个变量为 true
3-变量 a 和 b 有一个不为 true
4-变量 a 和 b 都为 true，或其中一个变量为 true
5-变量 a 和 b 都为 false，或其中一个变量为 false
```

7. 运行结果为：

```
1-变量 a 不在给定的列表 list 中
2-变量 b 不在给定的列表 list 中
3-变量 a 在给定的列表 list 中
```

8. 运行结果为：

```
1-a 和 b 有相同的标识
2-a 和 b 有相同的标识
3-a 和 b 没有相同的标识
4-a 和 b 没有相同的标识
```

# 实验四　列表的创建和使用

## 一、实验目的

1. 了解序列的基本概念。
2. 掌握序列索引方法。
3. 掌握列表的创建和使用方法。

## 二、知识要点

1. 可以通过列表的索引下标取出、修改、删除列表中的值，但是不能通过索引下标向列表中增加值。
2. 列表操作的主要函数如下。

（1）list()函数：创建空列表，或将集合、字典、元组、字符串的类型转化为列表类型。

（2）append()函数：用于向列表添加新元素，新元素可以是列表、字典、元组、集合、字符串。

（3）copy()函数：用于列表元素的复制。

（4）count()函数：统计列表中指定元素的个数。

（5）index()函数：检索指定元素在列表中的位置。

（6）insert()函数：在列表中指定位置插入元素。

（7）pop()函数：取出列表中指定元素并从列表中删除。

（8）remove()函数：删除列表中指定的元素。

（9）del 命令：对列表的元素或部分片段进行删除。

（10）reverse()函数：将列表逆置。

（11）sort()函数：对列表的元素进行排序。

## 三、实验内容

1. 查找列表和元组中以 a 或 A 开头并且以 c 结尾的所有元素。

```
li = ["alec", " Aric", "Alex", "Tony", "rain"]
tu = ("alec", " Aric", "Alex", "Tony", "rain")
```

2. 编写程序，生成一个包含 20 个随机整数的列表，然后对偶数下标的元素进行降序排列，奇数下标的元素不变（提示：使用切片）。
3. 编写程序，生成一个包含 50 个随机整数的列表，然后删除其中的所有奇数（提示：从后向前删）。
4. 将一个列表的数据复制到另一个列表中。
5. 有一个已经排好序的列表。现输入一个数，要求按原来的规律将其插入列表中。
6. ls 是一个列表，内容如下：ls = [123, '456', 789, '123', 456, '798']，求各整数元素的和。

## 四、实验内容参考答案

1. 参考程序如下：

```
#sy4-1
li = ["alec", " Aric", "Alex", "Tony", "rain"]
```

```
tu = ("alec", " Aric", "Alex", "Tony", "rain")
dic = {'k1': "Alex", 'k2': ' aric', "k3": "Alex", "k4": "Tony"}
for i1 in li:
    b=i1.strip()
    if(b.startswith("a")or b.startswith("A")and b.endswith("c")):
        print("li:"+b)
for i2 in tu:
    c=i2.strip()
    if(c.startswith("a")or c.startswith("A")and c.endswith("c")):
        print("tu:"+c)
```

2. 参考程序如下：

```
#sy4-2
import random
x = [random.randint(0,100) for i in range(20)]
print(x)
y = x[::2]
y.sort(reverse=True)
x[::2] = y
print(x)
```

3. 参考程序如下：

```
#sy4-3
import random
x = [random.randint(0,100) for i in range(50)]
print(x)
i = len(x)-1
while i>=0:
    if x[i]%2==1:
        del x[i]
    i -= 1
print(x)
```

4. 参考程序如下：

```
#sy4-4
a = [1, 2, 3]
b = a[:]
print(b)
```

5. 参考程序如下：

```
#sy4-5
a = [1,4,6,9,13,16,19,28,40,100,0]#0 作为点位符
print('原始列表:')
for i in range(len(a)):
        print(a[i],end=' ')
number = int(input("\n 插入一个数字:"))
end = a[9]
if number > end:
    a[10] = number
```

```
else:
    for i in range(10):
        if a[i] > number:
            temp1 = a[i]
            a[i] = number
            for j in range(i + 1,11):
                temp2 = a[j]
                a[j] = temp1
                temp1 = temp2
            break
print('排序后列表:')
for i in range(11):
        print(a[i],end=' ')
```

6. 参考程序如下：

```
#sy4-6
ls = [123, '456', 789, '123', 456, '798']
Sum = 0
for item in ls:
        if type(item) == type(123):
                Sum += item
print(Sum)
```

# 实验五　字典的创建和使用

## 一、实验目的

1. 了解序列的基本概念。
2. 掌握序列索引方法。
3. 掌握字典的创建和使用方法。

## 二、知识要点

1. Python 字典是一种可变容器模型，由键和对应值成对组成，每个键与值用冒号（:）隔开，每对用逗号分割，整体放在花括号（{}）中，键必须独一无二，但值则不必。值可以取任何数据类型，但必须是不可变的，如字符串、数字或元组。

2. 字典的常用操作如下。

（1）创建字典：有两种方法可以创建字典，一种是使用花括号，另一种是使用内建函数 dict()。

（2）添加或修改字典：通过 dict[key] = value 进行操作。

（3）删除字典元素或字典中的元素。

删除字典：del dict

删除字典中的元素：　del dict[key]

（4）遍历字典，方式如下。

① 通过 dict.items()进行遍历，分别获取字典中的 key 和 value。

② 通过 dict.keys()，遍历字典中所有的键。

③ 通过 dict.values()，遍历字典中所有的值。

3. 字典内置函数如下。

（1）cmp(dict1, dict2)：比较两个字典元素。

（2）len(dict) ：计算字典元素个数，即键的总数。

（3）str(dict)：输出字典可打印的字符串表示。

（4）type(variable)：返回输入的变量类型，如果变量是字典，就返回字典类型。

4. 字典内置方法如下。

（1）dict.clear()：删除字典内所有元素。

（2）dict.copy()：返回一个字典的浅复制。

（3）dict.fromkeys()：创建一个新字典，以序列 seq 中元素作为字典的键，val 为字典所有键对应的初始值。

（4）dict.get(key, default=None)：返回指定键的值，如果值不在字典中则返回 default 值。

（5）dict.has_key(key)：如果键在字典 dict 里则返回 true，否则返回 false。

（6）dict.items()：以列表返回可遍历的（键，值）元组数组。

（7）dict.keys()：以列表返回一个字典所有的键。

（8）dict.setdefault(key, default=None)：和 get() 类似，但如果键不存在于字典中，则将添加键并将值设为 default。

（9）dict.update(dict2)：把字典 dict2 的键/值对更新到 dict 里。

（10）dict.values()：以列表返回字典中所有的值。

## 三、实验内容

1. 有如下值集合 [11,22,33,44,55,66,77,88,99]，将所有大于 66 的值保存至字典的第 1 个 key 中，将小于 66 的值保存至第 2 个 key 中。

{'k1': 大于 66 的所有值, 'k2': 小于 66 的所有值}

2. 查找字典中以 a 或 A 开头并且以 c 结尾的所有元素。

dic = {'k1': "Alex", 'k2': ' aric', "k3": "Alex", "k4": "Tony"}

3. 编写程序，生成包含 1000 个 0～100 的随机整数，并统计每个元素的出现次数（提示：使用集合）。

4. 设计一个字典，并编写程序，用户输入内容作为键，然后输出字典中对应的值，如果用户输入的键不存在，则输出"您输入的键不存在！"。

5. 数字重复统计：随机生成 1000 个 20～100 的整数，升序输出所有不同的数字及每个数字重复的次数。

## 四、实验内容参考答案

1. 参考程序如下：

```
#sy5-1
item = [11,22,33,44,55,66,77,88,99]
item1 = []
item2 = []
items = {'k1':'','k2':''}
for i in item:
    if i<= 66:
        item1.append(i)
    else:
        item2.append(i)
items['k1'] =item1
items['k2'] =item2
print(items)
```

2. 参考程序如下：

```
#sy5-2
dic = {'k1': "Alex", 'k2': ' aric', "k3": "Alex", "k4": "Tony"}
for i in dic:
    d=dic[i].strip()
    if(d.startswith("a")or d.startswith("A")and d.endswith("c")):
        print("dic:"+d)
```

3. 参考程序如下：

```
#sy5-3
import random
```

```
x = [random.randint(0,100) for i in range(1000)]
d = set(x)
for v in d:
    print(v,":",x.count(v))
```

4. 参考程序如下：

```
#sy5-4
d = {1:'a',2:'b',3:'c',4:'d'}
v = eval(input('请输入一个键: '))
print(d.get(v,"您输入的键不存在! "))
```

5. 参考程序如下：

```
#sy5-5
import random
li1 = []
d = dict()
# 产生 1000 个随机数
for i in range(1000):
    li1.append(random.randint(20, 100))
# 统计每个数字出现的重复次数
for i in li1:
    if i not in d:
        d[i] = 1
    else:
        d[i] += 1
# 排序
li2 = list(set(li1))
sorted(li2)
print(li2)
print(d)
```

# 实验六　程序的流程控制结构

## 一、实验目的

1. 熟悉程序的 3 种控制结构。
2. 掌握顺序结构程序设计方法。
3. 掌握分支结构程序设计方法。
4. 掌握循环结构程序设计方法。

## 二、知识要点

1. 分支结构

（1）单分支结构

```
if  <条件> :
      <语句块>
```

（2）多分支结构

```
if    <条件 1> :
      <语句块>
elif <条件 2>:
      <语句块 2>
   ……
else:
      <语句块 n>
```

2. 程序的循环结构

（1）for 语句

```
for <循环变量> in <遍历结构>:
    <语句块>
```

例如：

```
for i in range (m,n):
  print(i)
```

拓展结构：

```
for <循环变量> in <遍历结构>:
    <语句块 1>
else:
    <语句块 2>
```

说明：只有在 for 循环正常结束才会执行 else 语句。

（2）while 语句

```
while <条件>:
    <语句块>
```

拓展结构：

```
while <条件>:
    <语句块 1>
else:
    <语句块 2>
```

只有在 while 循环正常结束时才会执行 else 语句。

（3）循环保留字

**break**：跳出当前循环结构。

**continue**：跳出本次循环，继续下次循环。

（4）多重循环

Python 语言允许在一个循环体里嵌入另一个循环。例如，在 while 循环中可以嵌入 for 循环，反之，可以在 for 循环中嵌入 while 循环。

## 三、实验内容

1. 计算以下分段函数：

$$y = \begin{cases} 0 & x < 0 或 x \geqslant 20 \\ x & 0 \leqslant x < 5 \\ 3x - 5 & 5 \leqslant x < 10 \\ 0.5x - 2 & 10 \leqslant x < 20 \end{cases}$$

2. 一个整数加上 100 后是一个完全平方数，再加上 168 后又是一个完全平方数，请问该数是多少？

3. 有数字 1、2、3、4，能组成多少个互不相同且无重复数字的三位数？

4. 判断 101~200 有多少个素数，并输出其中的所有素数。

5. 有一个分数序列：2/1,3/2,5/3,8/5,13/8,21/13…求出这个数列的前 20 项之和。

6. 键盘输入一个正整数，求出它是几位数，并逆序打印各位数字。

## 四、实验内容参考答案

1. 参考程序如下：

```
#sy6-1
x = eval(input("请输入x:"))
if x <0 or x>=20:
    y = 0
elif x<5:
    y = x
elif x<10:
    y = 3*x-5
elif x<20:
    y = 0.5*x-2
```

```
print('y=',y)
```

2.　参考程序如下：

```
#sy6-2
import math
n=0
count=0
while True:
    first=n+100
    second=n+168
    first_sqrt=int(math.sqrt(first))
    second_sqrt=int(math.sqrt(second))
    if(first_sqrt*first_sqrt==first)and(second_sqrt*second_sqrt==second):
        print(n)
        break
    n=n+1
```

3.　参考程序如下：

```
#sy6-3
count = 0
for i in range(1,5):
    for j in range(1,5):
        for k in range(1,5):
            if (i != j) and (i != k) and (j != k):
                count += 1
                print(i*100+j*10+k)
print("共{0}种".format(count))
```

4.　参考程序如下：

```
#sy6-4
h = 0
leap = 1
from math import sqrt
from sys import stdout
for m in range(101,201):
    k = int(sqrt(m + 1))
    for i in range(2,k + 1):
        if m % i == 0:
            leap = 0
            break
    if leap == 1:
        print('%-4d' % m)
        h += 1
        if h % 10 == 0:
            print('')
    leap = 1
print('The total is %d' % h)
```

5.　参考程序如下：

```
#sy6-5
a = 2.0
b = 1.0
s = 0
for n in range(1,21):
        s += a / b
        t = a
        a = a + b
        b = t
print(s)
```

6. 参考程序如下：

```
#sy6-6
x = eval(input('Input a integer:'))
ls = []
while x > 0:
        ls.append(x%10)
        x //= 10
print("整数位数: ",len(ls))
print("逆序结果: ",ls)
```

# 实验七　字符串应用

## 一、实验目的

1. 了解字符串的概念。

2. 掌握字符串的创建及其他基本操作。

3. 掌握字符串的处理函数和处理方法。

## 二、知识要点

1. 字符串序列用于表示和存储文本，Python 中字符串是不可变对象。字符串是一个有序的字符集合，用于存储和表示基本的文本信息，一对单、双或三引号中间包含的内容称为字符串。其中三引号中的内容可以由多行组成，用于编写多行文本的快捷语法、常用文档字符串、文件的特定位置、注释。

2. 对字符串的操作方法不会改变原来字符串的值。

3. 主要字符串操作如下所示。

（1）去掉空格和特殊符号：涉及 strip()、ltrip()、rtrip()等函数。

（2）字符串的搜索和替换：涉及 count ()、find ()、index ()、replace ()、format ()等函数。

（3）字符串的测试：涉及 isalpha()、isdigit()、isupper()、islower()等函数。

（4）字符串的分割：涉及 split()等函数。

（5）连接字符串：涉及 join()函数。

（6）字符串切片。

（7）string 模块：包含一些字符串常量和类。

## 三、实验内容

1. 请编程输出以下图案。

2. 获得用户输入的一个字符串，将其中出现的字符串"py"替换为"ython"，输出替换后的字符串。

3. s='9e10'是一个浮点数形式字符串，即包含小数点或采用科学计数法形式表示的字符串。编写程序判断 s 是否是浮点数形式字符串；如果是则输出 True，否则输出 False。

4. 阅读下面的代码，解释其功能，并上机测试。

```
import string
import random
x = string.ascii_letters + string.digits
print(x)
print(''.join(random.sample(x, 10)))
```

5. 字符串 a 为 "Hello"，字符串 b 为 "#2#Lisaend"。判断字符串 b 中是否含有 "#2#"，如果有，则将字符串 a 与字符串 b 中 "#2#" 与 "end" 之间的字符串用空格连接起来，然后输出 "biubiubiu"。

6. 现有一个游戏系统的日志文件，记录内容的字符串的格式如下所示：

```
A girl come in, the name is Jack, level 955;
```

其中的 the name is 后面会跟着人名，随后紧跟一个逗号，其他部分可能都是变化的；例如，可能是下面这些：

```
A old lady come in, the name is Mary, level 94454
A pretty boy come in, the name is Patrick, level 194
```

请实现一个函数 getName(str)，获取所有的玩家姓名。

四、实验内容参考答案

1. 参考程序如下：

```
#sy7-1
x='*'*30
y='*'*10
print(x)
for i in y:
    print(i,i.rjust(28))
    #rjust() 返回一个原字符串右对齐,并使用空格填充至宽度 width 的新字符串
print(x)
```

2. 参考程序如下：

```
#sy7-2
s = input("请输入一个字符串：")
print(s.replace('py', 'Python'))
```

3. 参考程序如下：

```
#sy7-3
s = '9e10'
#方法一
if type(eval(s)) == type(0.0):
    print('True')
else:
    print('False')
#方法二
```

```
print('True' if type(eval(s)) == type(0.0) else 'False')
```

4. 核心代码功能见注释部分：

```
#sy7-4
import string
import random
#ascii_letters 方法生成所有字母(a-z 和 A-Z),digits 方法是生成所有数字(0-9)
x = string.ascii_letters + string.digits
print(x)
#从 x 串中随机选择 10 个不重复的字符组成新串
print(''.join(random.sample(x, 10)))
```

5. 参考程序如下：

```
#sy7-5
a = "Hello"
b = "#2#Lisaend"
if( "#2#" in b) :
     i=b.find('end')
       print(a+' '+b[3:i])
print("biu"*3)
```

6. 参考程序如下：

```
#sy7-6
def getName(srcStr):
     infoline=srcStr.split('\n')      # 以换行符为切割点
     for info in infoline:
          if info != '' :          # 判断是否为最后一行, 不然会出错'list index out of range'
               info = info.split('the name is ')[1].split(',')[0].strip()
          print(info)
     return
srcStr = '''
A girl come in, the name is Jack, level 955;
A old lady come in, the name is Mary, level 94454;
A pretty boy come in, the name is Patrick, level 194;
'''
getName(srcStr)
```

# 实验八　正则表达式应用

### 一、实验目的

1. 掌握普通字符和特殊字符正则表达式的构造和使用方法。

2. 掌握 re 模块的使用方法。

### 二、知识要点

1. 基础匹配

'\d' 可以匹配一个数字，如：'00\d'可以匹配'007'；

'\w' 可以匹配一个字母或者数字，如：'00\w'可以匹配'007'或者'00a'；

'\s' 可以匹配一个空格；

'.'可以匹配任意字符。

匹配变长的字符，可以用*表示任意个字符（包括 0 个），用+表示至少一个字符，用? 表示 0 个或者 1 个字符，用{n}表示 n 个字符，用{n,m}表示 n～m 个字符。

2. 进阶

如果要做更精确的匹配，可以用[ ]表示范围，举例如下。

[0-9a-zA-Z\_] 可以匹配一个数字、字母或下画线；

[0-9a-zA-Z\_]+ 可以匹配至少由一个数字、字母或者下画线组成的字符串；

[a-zA-Z\_][0-9a-zA-Z\_]*可以匹配由字母或下画线开头，后接任意个由一个数字、字母或下画线组成的字符串，这是 Python 合法的变量；

[a-zA-Z\_][0-9a-zA-Z\_]{0, 19}更精确地限制了变量的长度是 1～20 个字符（前面 1 个字符+后面最多 19 个字符）；

A|B 可以匹配 A 或 B，所以(P|p)ython 可以匹配'python'或'Python'；

^表示行的开头，^\d 表示必须以数字开头；

$表示行的结束，\d$表示必须以数字结束。

3. re 模块

Python 提供的 re 模块具有所有正则表达式的功能。

由于 Python 的字符串本身也用\转义，所以要注意，s='ABC\\-001' 表示正则字符串'ABC\-001'，但使用 r 前缀，即 r'ABC\-001'，就不用考虑转义的问题了。

match()方法判断是否匹配，匹配成功返回一个 Match()对象，否则返回 None。例如：

```
import re
test = input('用户输入的字符串:')
if re.match(r'正则表达式', test):
    print('ok')
else:
    print('failed')
```

#### 4．切割字符串

用正则表达式切割字符串比用固定的字符更灵活，请看正常的代码：

```
>>> 'a b   c'.split(' ')
['a', 'b', '', '', 'c']
```

上述方法无法识别连续的空格，下面用正则表达式试试：

```
>>> re.split(r'\s+', 'a b   c')
['a', 'b', 'c']
```

#### 5．分组

正则表达式还可以用于提取子串，用()表示的就是要提取的分组（Group）。例如^(\d{3})-(\d{3,8})$分别定义了两个组，(\d{3})和(\d{3,8})。举例如下：

```
import re
m = re.match(r'^(\d{3})-(\d{3,8})$', '010-12345')
print(m)           #<re.Match object; span=(0, 9), match='010-12345'>
print(m.group(0)) #010-12345
print(m.group(1)) #010
print(m.group(2)) #12345
```

如果正则表达式中定义了组，就可以在 match 对象上用 group()方法提取出子串来。

注意：group(0)永远是原始字符串，group(1),group(2)…表示第 1,2…个子串，groups()表示一个子串的元组。

#### 6．贪婪匹配

正则匹配默认是贪婪匹配，即匹配尽可能多的字符。

#### 7．编译

当我们在 Python 中使用正则表达式时，re 模块内部会做下面两件事情：

（1）编译正则表达式，如果正则表达式的字符串本身不合法，则会报错；

（2）用编译后的正则表达式去匹配字符串。

如果一个正则表达式要重复使用几千次，那么出于效率的考虑，我们可以预编译该正则表达式，接下来重复使用时就不需要编译这个步骤了，而是直接匹配：

```
import re
re_telephone = re.compile(r'^(\d{3})-(\d{3,8})$')
re_telephone.match('010-12345').groups()#('010', '12345')
re_telephone.match('010-8086').groups() #('010', '8086')
```

### 三、实验内容

1．给定一个数字 123456，请采用宽度为 25、右对齐方式打印输出，使用加号"+"填充。

2．提取指定文本中每行完整的年月日和时间字段。

3．将每行中的电子邮件地址替换为自己的电子邮件地址。

4．使用正则表达式提取出字符串中的单词。

5．判断字符串是否全部是小写。

6．找出字符串中合法的 ip 地址。

7. 找出字符串中合法的 18 位身份证号码。

四、实验内容参考答案

1. 参考程序如下：

```
#sy8-1
print('{:+>25}'.format(123456))。
```

2. 参考程序如下：

```
#sy8-2
import re
s="""se234 1987-02-09 07:30:00
    1987-02-10 07:25:00"""
content=re.findall(r"\d{4}-\d{2}-\d{2} \d{2}:\d{2}:\d{2}",s,re.M)
print(s)
print(content)
```

3. 参考程序如下：

```
#sy8-3
import re
s="""693152032@qq.com, werksdf@163.com, sdf@sina.com
    sfjsdf@139.com, soifsdfj@126.com
content=re.sub(r"\w+@\w+.com","ahutcyz@163.com",s)
print(s)
print( "_____")
print(content)
```

4. 参考程序如下：

```
#sy8-4
import re
s="""i love you not because of who 234 you are, 234 but 3234ser because of who i am when i am
with you"""
content=re.findall(r"\b[a-zA-Z]+\b",s)
print(content)
```

5. 参考程序如下：

```
#sy8-5
import re
s1 = 'adkkdk'
s2 = 'abc123efg'
an = re.search('^[a-z]+$', s1)
if an:
    print ('s1:', an.group(), '全为小写')
else:
    print (s1, "不全是小写! ")
an = re.match('[a-z]+$', s2)
if an:
    print ('s2:', an.group(), '全为小写')
```

```
else:
    print (s2, "不全是小写! "
```

6. 参考程序如下:

```
#sy8-6
import re
s2="""192.268.1.150\n0.0.0.0\n255.255.255.255\n17.16.52.100\n172.16.0.100\n400.400.999.
888\n001.022.003.000\n257.257.255.256"""
regex=re.compile('(((?:25[0-5])|(?:24[0-9])|(?:1\d{2})|(?:[0-9]{1,2}))\.){3}(((?:25[0-5])
|(?:1\d{2})|(?:[0-9]{1,2})))')
t1=regex.finditer(s2)
for i in t1:
    print(s2[i.start():i.end()])
```

7. 参考程序如下:

```
#sy8-7
s="""
340503199712120025
31002019900101003X
230102700205010
340503197601210020
"""
import re
regex=re.compile('(\d{6})(\d{4})(\d{2})(\d{2})(\d{3})([0-9]|X)')
t=regex.finditer(s)
for i in t:
    print(s[i.start():i.end()])
```

# 实验九　函数的定义和使用

## 一、实验目的

1. 掌握自定义函数的定义和使用方法。

2. 掌握递归函数的设计方法。

3. 熟悉模块导入方法。

4. 熟悉 Python 常用内置库函数。

## 二、知识要点

### 1. 函数的定义

函数是组织好的、可重复使用的、用来实现一定功能的代码段。函数能提高应用的模块性和代码的重复利用率。用户已经知道 Python 提供了许多内建函数，比如 print()；但用户也可以自己创建函数，这被叫作用户自定义函数，格式如下：

```
def 函数名（参数列表）：
    函数体
    return〔表达式〕
```

### 2. 函数的调用

可以通过另一个函数调用执行自定义函数或内建函数，也可以直接从 Python 命令提示符执行。例如：

```
# 定义函数
def printme( str ):
    # 打印任何传入的字符串
    print (str)
    return
# 调用函数
printme("我要调用用户自定义函数!")
printme("再次调用同一函数")
```

### 3. 函数的参数（形参，实参）以及参数的传递

函数定义中的参数称为形式参数，简称形参。函数调用中的参数称为实际参数，简称实参。Python 中一切都是对象，strings、tuples 和 numbers 是不可更改的对象，而 list、dict 等则是可以修改的对象。因此，函数调用时实参传递给形参的有不可变对象和可变对象。下面通过以下两个实例进行区分。

（1）传递不可变对象实例。

```
def ChangeInt( a ):
    a = 10
# 调用ChangeInt函数
b = 2
```

```
ChangeInt(b)
print( b )     # 结果是 2
```

（2）传递可变对象实例。

```
def changeme( mylist ):
    "修改传入的列表"
    mylist.append([1,2,3,4])
    print ("函数内取值: ", mylist) #函数内取值: [10, 20, 30, [1, 2, 3, 4]]
    return

# 调用 changeme 函数
mylist = [10,20,30]
changeme( mylist )
print ("函数外取值: ", mylist) #函数外取值: [10, 20, 30, [1, 2, 3, 4]]
```

4. 函数的返回值

return 语句用于退出函数（结束一个函数的执行），选择性地向调用方返回一个表达式。返回值可以是任意数据类型。

返回值情况有以下 3 种。

（1）当不写 return 或 return 不加参数时，默认返回值为 None。

（2）返回一个值：　return (xxx) 用于返回一个值（一个变量）任意数据类型。

（3）返回多个值：　return (a,b,[1,2,3]) 用一个变量接收时返回的是一个元组，也可以用相应数量的变量去接收。

5. 变量的作用域

变量的作用域决定了在哪一部分程序可以访问哪个特定的变量名称。Python 的作用域一共有以下 4 种：

（1）L(Local)：局部作用域；

（2）E(Enclosing)：闭包函数外的函数中；

（3）G(Global)：全局作用域；

（4）B(Built-in)：内置作用域（内置函数所在模块的范围）。

6. 匿名函数

Python 使用 lambda 表达式来创建匿名函数。所谓匿名，即不再使用 def 语句这样标准的形式定义一个函数。lambda 只是一个表达式，函数体比 def 简单很多。lambda 的主体是一个表达式，而不是一个代码块。仅仅能在 lambda 表达式中封装有限的逻辑进去。lambda 函数拥有自己的命名空间，不能访问自己参数列表之外或全局命名空间里的参数。

lambda 函数的语法只包含一个语句，如下所示：

```
lambda [arg1 [,arg2,..., argn]]:expression
```

7. 递归函数

递归通俗地说就是在函数内部调用函数自身。必须有一个明确的递归结束条件，将其称为递归出口。递归使代码看起来更加整洁、优雅，可以用递归将复杂任务分解成更简单的子问题，例如：

```
def fact(n):
    if n == 1:
        return 1
    else:
        return  n * fact(n-1)
print(fact(5))
```

三、实验内容

1. 请编写一个判断闰年的函数：leapyear(year)，返回 1 表示闰年，0 表示非闰年。

2. 请编写一个函数，计算 $s(n)=1+2+3+\cdots+n$。

3. $\sqrt{a}$ 的近似计算方法如下：

（1）给出初值：$x_1=1.0$；

（2）计算 $x_2 = \dfrac{1}{2}\left(x_1 + \dfrac{a}{x_1}\right)$；

（3）如果 $x_1$ 与 $x_2$ 很接近，则 $x_2$ 是 $\sqrt{a}$ 的值，否则以 $x_2$ 代替 $x_1$，转步骤（2）。

请编写函数 mysqrt(a,e) 计算 $\sqrt{a}$，其中 e 表示精度。

4. 编写一个函数，接收一个字符串，分别统计大写字母、小写字母、数字和其他字符的个数，并以元组的形式返回统计结果。

5. 编写函数，模拟内置函数 sum()。

6. 利用递归函数调用方式，将所输入的 5 个字符，以相反顺序打印出来。

四、实验内容参考答案

1. 参考程序如下：

```
#sy9-1
def leapyear(year):
    if year%400==0 or year%4==0 and year%100!=0:
        return 1
    else:
        return 0
year = eval(input("请输入年份:"))
if leapyear(year)==1:
    print(year,"是闰年! ")
else:
    print(year,"不是闰年! ")
```

2. 参考程序如下：

```
#sy9-2
def sigma(n):
    s = 0
    for i in range(1,n+1):
        s += i
    return (s)
n = eval(input("请输入n:"))
print(sigma(n))
```

3. 参考程序如下:

```
#sy9-3
def mysqrt(a,e):
    if a<0:
        a=-a
    if a==0:
        return 0
    x1=1.0
    while True:
        x2=(x1+a/x1)/2
        if abs(x2-x1)>e:
            x1=x2
        else:
            break
    return x2
a=3
e=1e-5
print(a,"的平方根=",mysqrt(a,e))
```

4. 参考程序如下:

```
#sy9-4
def count(string):
    capital=little=digit=other=0
    for i in string:
        if 'A'<=i<='Z':
            capital += 1
        elif 'a'<=i<='z':
            little += 1
        elif '0'<=i<='9':
            digit += 1
        else:
            other +=1
    return(capital,little,digit,other)
s='capital=little=digit=other=0'
print(count(s))
```

5. 参考程序如下:

```
#sy9-5
def sumall(re):
    account = 0
    for i in re:
        account += i
    return (account)
try:
    ls = [1,3,4,5]
    print(sumall(ls))
except:
    print('Error')
```

6. 参考程序如下:

```
#sy9-6
def output(s,l):
    if l==0:
        return
    print (s[l-1],end='')
    output(s,l-1)


s = input('Input a string:')
n = len(s)
output(s,n)
```

# 实验十　文件操作

## 一、实验目的

1. 了解文件的基本概念。
2. 掌握文件的打开和关闭方法。
3. 掌握文件的读写操作方法。

## 二、知识要点

1. Python 中一切皆对象，因此文件也是对象。
2. 文件的打开和关闭。

```
open(filePath,[mode[buffer]])
```

参数说明：

filePath：文件路径。

mode：文件打开方式。

buffer：缓冲大小。

3. 文件读取方式。

read(size)：读取 size 个字节，默认读取全部。

readline([size])：默认读取一行，size 用于限定读取的字符，最大值为当行的字符数。

readlines([size])：读取完文件，返回每一行所组成的列表，size 代表缓存区的大小（最小读取 8192 字节）。

4. 文件写入方式。

write(str)：将字符串写入文件。

writelines(seq_of_strings)：将多行写入文件。

5. 读写模式。

r 模式：文件必须存在。

w 模式：文件不存在则创建，文件存在则清空。

a 模式：追加内容到文件尾。

与+组合：可读可写。

与 b 组合：以二进制方法打开或者是写入。

## 三、实验内容

1. 假设有一个英文文本文件，编写程序读取其内容，并将其中的大写字母变为小写字母，小写字母变为大写字母。

2. 当前目录下有一个文件 temp.txt，如图 2-10-1 所示，分两行（每行 7 个数据）保存了某市 2019 年 7 月 15 日（周一）到 7 月 21 日（周日）一周的最高和最低气温（单位：摄氏度），其中，第 1 行为最高气温，第 2 行为最低气温。请编程得到这一周的最高和最低气温，并计算全周的平均气温（每天平均温度的平均值）。

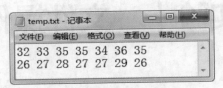

图 2-10-1　文件 temp.txt

3. 当前目录下保存着名为 score.txt 的文本文件，存放着某班学生 Python 课程的成绩，共有姓名和总评成绩两列。请查找最高分和最低分的学生。

4. 编写函数，将指定目录（path）下所有超过指定大小（size）的文件列出来，文件头部如下：

```
findSizeFile(path,size)
```

## 四、实验内容参考答案

1. 参考程序如下：

```
#sy10-1
f = open("D:\\1.txt","r")
s = f.readlines()
f.close()
r=[i.swapcase() for i in s]
f = open("D:\\2.txt","w")
f.writelines(r)
f.close()
```

2. 参考程序如下：

```
#sy10-2
f = open("D:\\abc\\temp.txt",'r')
ht = (f.readline()).strip()
L1 = list(ht.split(' '))
lt = (f.readline()).strip()
L2 = list(lt.split(' '))
f.close()
L3 = []
sum = 0
for i in range(len(L1)):
    L1[i] = int(L1[i])
    L2[i] = int(L2[i])
    L3.append((L1[i]+L2[i])/2)
    sum += L3[i]
print(L1)
print(L2)
print("一周最高气温: C",max(L1))
print("一周最低气温: ",min(L2))
print("一周平均气温: {%.2f}"%(sum/len(L3)))
```

3. 参考程序如下:

```
#sy10-3
f = open("D:\\abc\\score.txt",'r')
a = f.readlines()
name = []
s = []
Max = 0
Min = 100
i = 0
for line in a:
    line=line.strip()
    line=line.split(' ')
    print(line)
    name.append(line[0])
    s.append(line[1])
    if int(s[i]) > Max:
        Max = int(s[i])
        Max_i = i
    if int(s[i]) < Min:
        Min = int(s[i])
        Min_i = i
    i += 1
print("最高分姓名:",name[Max_i],"最高分为:",s[Max_i])
print("最低分姓名:",name[Min_i],"最低分为:",s[Min_i])
```

4. 参考程序如下:

```
#sy10-4
#coding=utf-8
import os
count=0
#参数path为绝对路径,size为文件大小(单位为MB)
def findSizeFile2(path,size):
    global count
    tuples=os.walk(path)
    for root,dirs,files in tuples:
        for file in files:
            if os.path.getsize(os.path.join(root,file))>size*1024*2014:
                count+=1
                print(u"文件:",os.path.join(root,file),u"大小: ",os.path.getsize(os.
path.join(root,file)))
    path = "D:\\ahcre"
    size = 1  #单位为MB
findSizeFile2(path,size)  #将会输入指定文件夹下大小超过1MB的文件清单
```

# 实验十一　Python 计算生态的构建和使用

### 一、实验目的

1. 掌握 Python 语言 turtle 库和 random 库的用法。

2. 掌握 Python 语言 numpy 库的用法。

3. 了解 Python 语言部分第三方库，如 pandas、jieba、wordcloud 和 Pyinstaller 等。

### 二、知识要点

1. Python 标准库是 Python 安装包自带的库，不需另行安装。典型的标准库有 turtle 库、random 库、datetime 库和 time 库等。

2. Python 第三方库需要下载后安装到 Python 的安装目录下，不同第三方库的使用方法不同，但它们都需要用 import 语句调用。

Windows 环境下，最便捷的第三方库安装方式为 pip install 库名；卸载第三方库的方式为 pip uninstall 库名。

3. 导入和使用方式如下所示。

（1）先用 import turtle 导入库，然后程序中就可以用"turtle.函数名( )"形式使用库。

（2）先用 from turtle import *导入库，然后程序中可以直接用"函数名( )"形式使用库，无须加库名。若*是某个指定函数，则只导入指定函数。

（3）先用 import turtle as t 导入库，此时为库准备了别名 t ，故程序中就可以用"t.函数名( )"形式使用库。

### 三、实验内容

1. 编写代码，用 turtle 库画出图 2-11-1 所示的图形（建议使用带参数的函数）。

2. 编写代码，画 60 个不同大小的圆圈，每画完一个圆圈，旋转 90 度，效果如图 2-11-2 所示。

提示：tony.circle(100)可以让小海龟 tony 画出半径为 100 像素的圆形。

3. 使用 random 库的 randint 函数随机生成一个 1~100 的预设整数，让用户键盘输入所猜的数，如果大于预设的数，屏幕显示"太大了，请重新输入！"；如果小于预设的数，屏幕显示"太小了，请重新输入！"。如此循环，直到猜中，显示"恭喜你，猜中了! 共猜了 N 次"，N 为用户猜测次数。

4. 获取系统 3 天前时间戳，然后转换为指定格式日期（年/月/日　时:分:秒）。

5. 归一化一个随机的 5×5 矩阵。

6. 请利用 numpy 库产生一个[1，100]的、长度为 10 的一维数组，然后实现冒泡排序法（升序）。

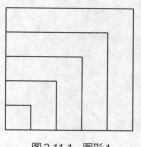

图 2-11-1　图形 1

图 2-11-2　图形 2

## 四、实验内容参考答案

1. 参考程序如下：

```
#sy11-1
import turtle as t
def DrawCctCircle(n):
    for i in range(4):
        t.fd(n)
        t.lt(90)
t.pensize(2)                    #画笔的宽度
t.speed(5)                      #画笔移动速度
for i in range(50,300,50):
    DrawCctCircle(i)            #调用函数画圆
t.hideturtle()                  #隐藏海龟
t.done()
```

2. 参考程序如下：

```
#sy11-2
import turtle as t
def DrawCircle(n):
    for i in range(4):
        t.circle(n)
        t.lt(90)
#t.pensize(2)                   #画笔的宽度
t.speed(10)                     #画笔移动速度
for i in range(10,160,10):
    DrawCircle(i)               #调用函数画圆
t.hideturtle()                  #隐藏海龟
t.done()
```

3. 参考程序如下：

```
#sy11-3
import random
true_num = random.randint(1,100)
user_num = int(input("请输入一个整数:"))
count = 1
```

```
while true_num != user_num:
    if true_num > user_num:
        print("太小了，请重新输入！")
    elif true_num < user_num:
        print("太大了，请重新输入！")
    count += 1
    user_num = int(input("请输入一个整数："))
print("恭喜您，您猜对了！您一共猜了%d次" % count)
```

4. 参考程序如下：

```
#sy11-4
import time
now = time.time()
print(now)
threeAgo=now-60*60*24*3
formaTime=time.localtime(threeAgo)#把时间戳转换为元组
print(formaTime)
#再用 strf 函数转换为时间格式
print(time.strftime('%Y/%m/%d %H:%M:%S',formaTime))
```

5. 参考程序如下：

```
#sy11-5
import numpy as np
Z = np.random.random((5, 5))
Zmax, Zmin = Z.max(), Z.min()
Z = (Z - Zmin)/(Zmax - Zmin)
print(Z)
```

6. 参考程序如下：

```
#sy11-6
import numpy as np
def bubbleSort(arr):
    n = len(arr)
    # 遍历所有数组元素
    for i in range(n):
        for j in range(0, n-i-1):
            if arr[j] > arr[j+1] :
                arr[j], arr[j+1] = arr[j+1], arr[j]
a = np.random.randint(1,100,size=10)
bubbleSort(a)
print("排序结果: ",a)
```

# 实验十二　面向对象程序设计

## 一、实验目的

1. 理解面向对象的编程思想。
2. 掌握类的定义方法和创建对象的方法。
3. 理解并掌握继承的方法。

## 二、知识要点

1. 类的定义方法

```
class 类名():
        定义类的属性
        定义类的方法
```

2. 对象的创建方法

```
变量=类名()
```

3. 类中定义方法格式

```
    def 方法名(self，方法参数列表)：
        方法体
```

4. 类的构造方法格式

```
    def _init_(self)：
        printf("创建实例对象！")；
```

5. 类的析构方法格式

```
    def _del_(self)：
        printf("实例对象被销毁！")；
```

6. 类的变量

(1)实例变量：self.变量名 = 值

(2)类变量：变量名 = 初始值

7. 类的继承

```
class 子类类名(父类类名)：
    #定义子类的变量和方法
```

8. 类的多继承

```
class 子类类名(父类类名1，父类类名2)：
    #定义子类的变量和方法
```

9. 类的多态

多态是指一个变量可以引用不同类型的对象，并且能够自动地调用被引用对象的方法，从而根据不同的对象类型，响应不同的操作。继承和方法重写是实现多态的基础。

三、实验内容

1. 设计一个 Student 类，在类中定义多个方法，其中构造方法用于接收学生的姓名、年龄并输入多门课的成绩，其他方法用于获取该学生的姓名和年龄，并求所有成绩的最高分。

2. 设计长方形类 Rect 和正方形类 Squa，每个类均包含计算周长和面积的方法，长方形默认宽为 20，正方形默认边长为 10，长方形类以正方形类为基类。

3. 设计 Bird（鸟）类、Fish（鱼）类，都继承自 Animal（动物）类，用方法 print_info()输出信息，要求动物的名称和年龄能够对数化，参考输出结果如图 2-12-1 所示。

我是一只美丽的鸟
我今年8岁了
我是一条红色的鱼
我今年10岁了

图 2-12-1　输出结果

4. 创建圆基类 circle，设置属性：半径（默认值为 10），方法：求周长 circlezc()和求面积 circlemj()。创建子类球 ball()，以圆类为基类，无新属性，方法有：求表面积 ballbmj()和体积 balltj()。

（1）输出圆的默认周长和面积以及修改属性值之后的周长和面积；

（2）输出球的默认周长和面积以及修改属性值之后的周长和面积。

四、实验内容参考答案

1. 参考程序如下：

```
#sy12-1
class Student(object):
        def __init__(self, name, age, scores):    # 构造方法
            self.__name = name                     # 姓名
            self.__age = age                       # 年龄
            self.__scores = scores                 # 分数
    def get_name(self):
        return self.__name
    def get_age(self):
        return self.__age
    def get_course(self):
        return max(self.__scores)
stu = Student('小丸子', 18, [89, 90, 91,80,77])
print("姓名: %s"%(stu.get_name()))
print("年龄: %s"%(stu.get_age()))
```

```
print("最高分: %s"%(stu.get_course()))
```

2. 参考程序如下:

```
#sy12-2
class squa:
    length = 10
    def squazc(self):
        return 4*self.length
    def squamj(self):
        return self.length*self.length
class rect(squa):
    width = 20
    def rectzc(self):
        return 2*(self.length+self.width)
    def rectmj(self):
        return self.length*self.width
sq1 = squa()
print("正方形默认值为: ")
print("正方形边长为: ",sq1.length)
print("正方形周长为: ",sq1.squazc())
print("正方形面积为: ",sq1.squamj())
rec1 = rect()
print("长方形默认值为: ")
print("长方形长和宽为: ",rec1.length,rec1.width)
print("长方形周长为: ",rec1.rectzc())
print("长方形面积为: ",rec1.rectmj())
```

3. 参考程序如下:

```
#sy12-3
class Animal:
    def __init__(self,owner = "animal",age = 5):
        self.owner=owner
        self.age=age
    def print_info(self):
        print("我是一只%s"%(self.owner))
        print("我今年%d岁了"%(self.age))

class Bird(Animal):
    def print_info(self):
        print("我是一只美丽的%s"%(self.owner))
        print("我今年%d岁了"%(self.age))

class Fish(Animal):
    def print_info(self):
        print("我是一条红色的%s"%(self.owner))
        print("我今年%d岁了"%(self.age))
```

```
bird = Bird("鸟",8)
bird.print_info()
fish = Fish("鱼",10)
fish.print_info()
```

4. 参考程序如下：

```
#sy12-4
class circle:
    r = 10
    def circlezc(self):
        return 2*3.14*self.r
    def circlemj(self):
        return 3.14*self.r**2
class ball(circle):
    def ballbmj(self):
        return 4*3.14*self.r**2
    def balltj(self):
        return 4/3.0*3.14*self.r**3
cir1 = circle()
print("圆的默认值为：")
print("圆的周长为：",cir1.circlezc())
print("圆的面积为：",cir1.circlemj())
cir1.r = 20
print("圆的修改值为：")
print("圆的周长为：",cir1.circlezc())
print("圆的面积为：",cir1.circlemj())
ball1 = ball()
print("球的默认值为：")
print("球的表面积为：",ball1.ballbmj())
print("球的体积为：",ball1.balltj())
ball1.r = 20
print("球的修改值为：")
print("球的表面积为：",ball1.ballbmj())
print("球的体积为：",ball1.balltj())
```

# 实验十三　异常处理

## 一、实验目的

1. 熟悉 Python 的内建异常类。

2. 掌握 Python 中用 try-except 等语句捕捉异常的方法。

## 二、知识要点

1. 异常是指程序运行过程中出现的错误或遇到的意外情况，若这些异常得不到有效处理，会导致程序终止运行。

2. Python 中每一个异常都是类的实例，Python 中的内建类除了所有异常的基类 BaseExcept 和常规异常的基类 Exception 外，其他常见异常类如表 2-13-1 所示。

表 2–13–1　常见异常类

| 类 | 说明 |
| --- | --- |
| AttributeError | 表示本对象不存在此属性 |
| IndexError | 索引超出了序列的范围 |
| IOError | 输入/输出操作失败，如文件不存在或读写方式有误等 |
| KeyboardInterrupt | 用户中断执行（通常是输入^C） |
| KeyError | 映射中没有这个键 |
| NameError | 未声明/初始化对象（没有属性） |
| SyntaxError | Python 语法错误 |
| TypeError | 对类型无效的操作 |
| ValueError | 传入无效的参数 |
| ZeroDivisionError | 除（或取模）零（所有数据类型） |

3. 捕捉异常的方法有下面两种。

（1）一般形式：

```
try:
    被检测的语句块
except  异常类名1:
    异常处理语句块1
…
except  异常类名n:
    异常处理语句块n
else:
    不发生异常执行的语句块
```

（2）except 加上 as 子句，用来获知具体的错误原因。形式如下：

```
try:
    被检测的语句块
```

```
except  Except as 错误原因名:
    异常处理语句块
    print(错误原因名)
```

## 三、实验内容

1. 请编写会引起 AttributeError、NameError 等异常发生的语句示例。

2. 请设计一段用来接收一个整数的代码，当输入为非整数时，抛出 ValueError 异常，然后提示重新输入，直到输入正确为止。

3. 打开文件时，请监控并抛出所有打开的异常。

4. 设计程序测试 IndexError 异常。

## 四、实验内容参考答案

1. 参考程序如下：

```
#sy13-1
import queue
q=queue.Queue(10)
try:
    q.put('zhang')
    q.put(5)
    q.put(['wang','li'])
    print(q.get())
    print(q.get())
    print(q.get())
    queue.size()   #对应AttributeError
#   get_nowait()  #对应NameError
except AttributeError:
    print("属性错误！")
except NameError:
    print("未定义成员！")
```

2. 参考程序如下：

```
#sy13-2
while True:
    try:
        x = int(input("Please enter a integer: "))
        print("x= %d"%x)
        break
    except ValueError:
        print("That was no valid number. Try again ")
```

3. 参考程序如下：

```
#sy13-3
try:
    with open('file1.txt',mode='r') as f1:
        print('file opend!')
        f1.close()
except:
```

```
        print('file is not exist!')
print('DONE!')
```

4. 参考程序如下：

```
#sy13-4
try:
    print([].pop(1))    #尝试从一个空列表中弹出元素
except IndexError as ex:
    print(ex)
```

# 实验十四　GUI 程序设计

## 一、实验目的

1. 掌握 Tkinter 库中常用组件的使用方法。
2. 理解布局管理方式 pack。
3. 掌握 Python 事件处理机制。
4. 掌握 GUI 程序设计的一般流程。

## 二、知识要点

1. Tkinter 模块是 Tk GUI 套件的标准 Python 接口，可实现 Python 的 GUI 编程。
2. GUI 程序是事件驱动的，在绘制界面并注册事件处理器后，程序处于等待鼠标或键盘事件发生的状态。
3. Tkinter 常用组件如表 2-14-1 所示。

表 2-14-1　　　　　　　　　　　　　　　　　　　Tkinter 组件

| 控件 | 描述 |
| --- | --- |
| Label | 标签控件，可以显示文本和位图 |
| Button | 按钮控件，在程序中显示按钮 |
| Frame | 框架控件，作为容器放置其他组件 |
| Entry | 输入控件，用于输入单行文本 |
| Checkbutton | 复选框控件，用于提供多项选择 |
| Radiobutton | 单选按钮控件，用于提供单项选择 |
| Menu | 菜单控件，显示菜单栏、下拉菜单和弹出菜单 |
| Menubutton | 菜单按钮控件，用于显示菜单项 |
| Listbox | 列表框控件，显示字符串选项列表 |
| Text | 文本控件，用于显示和编辑多行文本 |
| Scale | 范围控件，显示一个数值刻度 |
| Canvas | 画布控件，显示图形元素 |

4. Tkinter 布局管理器负责组件在容器（顶层窗体或 Frame）中的呈现，pack 是 Tkinter 最常用的布局管理器。pack 的主要方法如表 2-14-2 所示。

表 2-14-2　　　　　　　　　　　　　　　　　　　pack 的主要方法

| 选项 | 描述 | 取值范围 |
| --- | --- | --- |
| side | 组件放置于父窗体的位置 | TOP, BOTTOM, LEFT, RIGHT，默认是 TOP |
| fill | 填充空间 | X, Y, BOTH, None，默认是 None |
| expand | 扩展空间 | YES NO，默认是 NO |
| ancher | 停靠位置 | N, E, W, S, NW, SW, SE, NE, CENTER，默认是 CENTER |
| ipdx/ipady | 组件内部在 x/y 方向上的间隔 | |
| pdx/pady | 组件外部在 x/y 方向上的间隔 | |

5. Tkinter 利用回调（call-back）函数处理事件，有两种方式将回调函数关联到组件：通过 command 选项指定和使用 bind 函数绑定。常见鼠标及键盘事件表示方法如表 2-14-3 所示。

表 2–14–3　　　　　　　　　　　常见鼠标及键盘事件表示

| 事件类型 | 含义 |
|---|---|
| ＜Button-1＞ | 鼠标左键单击 |
| ＜Button-2＞ | 鼠标中键单击 |
| ＜Button-3＞ | 鼠标右键单击 |
| ＜Double-1＞ | 鼠标左键双击 |
| ＜B1-Motion＞ | 鼠标左键按下并移动 |
| ＜ButtonPress＞/＜ButtonRelease＞ | 按下/松开按键 |
| ＜KeyPress＞ | 键盘按键 |
| ＜Return＞ | 键盘回车键按下 |
| ＜Up＞/＜Down＞/＜Left＞/＜Right＞ | 键盘箭头按键上、下、左、右 |
| ＜FocusIn＞/＜FocusOut＞ | 获得/失去焦点 |
| ＜Enter＞/＜Leave＞ | 进入/离开窗体 |
| ＜Destroy＞ | 窗体组件销毁 |

6. Tkinter 组件如下。

常用组件除了标签、按钮和框架外，还有输入组件 Entry、列表框组件 Listbox、复选框组件 Checkbutton、单选框组件 Radiobutton、文本框组件 Text、菜单组件 Menu、对话框组件等。

三、实验内容

1. 创建一个简单窗体（标题为"Tkinter 示例窗口"），内含一个按钮组件，运行后单击按钮，窗体标题变为"你点击了按钮"，效果如图 2-14-1 所示。

图 2-14-1　效果图

2. 请设计图 2-14-2 所示的窗体，在文本框输入，单击"添加列表"按钮后，所输入的内容将添加至列表。

3. 请选用合适的布局方式，设计图 2-14-3 所示的界面。

图 2-14-2　所输入的内容添加至列表

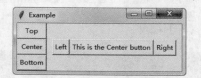

图 2-14-3　布局界面

4. 请设计简易计算器，要求能完成整数的四则运算。参考界面如图 2-14-4 所示。

图 2-14-4　简易计算器界面

## 四、实验内容参考答案

1. 参考程序如下：

```
#sy14-1
import tkinter as tk
top = tk.Tk()
top.title("tkinter 示例窗口")
top.geometry("300x100")
def button_clicked():
    top.title("你点击了按钮")
btn = tk.Button(top,text="请点击我",command=button_clicked)
btn.pack()
top.mainloop()
```

2. 参考程序如下：

```
#sy14-2
import tkinter as tk
top = tk.Tk()
top.title("Listbox 组件应用")
top.geometry("300x250")
entry1=tk.Entry(top)
entry1.grid(row=0,column=0)
list=tk.Listbox(top)
def button_clicked():
    text =entry1.get()
    list.insert(0,text)
btn = tk.Button(top,text="添加列表",command=button_clicked)
btn.grid(row=0,column=1)
list.grid(row=1,column=0,columnspan=2)
top.mainloop()
```

3. 参考程序如下：

```
#sy14-3
from tkinter import *
```

```
class App:
    def __init__(self, master):
        #使用 Frame 增加一层容器
        fm1 = Frame(master)
        #Button 是一种按钮组件，与 Label 类似，只是多出了响应点击的功能
        Button(fm1, text='Top').pack(side=TOP, anchor=W, fill=X, expand=YES)
        Button(fm1, text='Center').pack(side=TOP, anchor=W, fill=X, expand=YES)
        Button(fm1, text='Bottom').pack(side=TOP, anchor=W, fill=X, expand=YES)
        fm1.pack(side=LEFT, fill=BOTH, expand=YES)

        fm2 = Frame(master)
        Button(fm2, text='Left').pack(side=LEFT)
        Button(fm2, text='This is the Center button').pack(side=LEFT)
        Button(fm2, text='Right').pack(side=LEFT)
        fm2.pack(side=LEFT, padx=10)

root = Tk()
root.title("Example")
display = App(root)
root.mainloop()
```

4. 参考程序如下：

```
#sy14-4
from tkinter import *
#建立窗口
win =Tk()
win.title("计算器")
win.geometry("240x300")
win.resizable(0,0)

#建立文本框
result = StringVar()
entry = Entry(win,background="white",justify="right",textvariable=result,font=("",'26', ""))
entry.place(x=25,y=20,width=190,height=50)
result.set("0")

#定义函数根据按钮内容进行操作
def calc(event):
    global num1,num2,opr
    char =event.widget['text']   #获取按钮上的文本
    if '0'<=char<='9':
        result.set(eval(result.get())*10+eval(char))
    if char == 'C':
        result.set('0')
    if char =='+' or char =='-' or char =='*' or  char =='/':
        num1=eval(result.get())
        opr=char
        result.set('0')
    if char =='=':
```

```
            num2=eval(result.get())
        if opr=='+':
            result.set(num1+num2)
        if opr=='-':
            result.set(num1-num2)
         if opr=='*':
            result.set(num1*num2)
         if opr=='/':
            result.set(num1//num2)
        num1=eval(result.get())

strList=["7","8","9","/","4","5","6","*","1","2","3","-","0","C","=","+"]
count=0
for item in strList:
    btn= Button(win,text=item,font=('','26',''))
    #根据编号计算按钮的位置
    btn.place(x=25+count%4*50,y=80+count//4*50,width=40,height=40)
    btn.bind('<Button-1>',calc)
    count+=1
win.mainloop()
```

# 实验十五　数据库编程

## 一、实验目的

1. 掌握 SQLite 数据库的访问方法。
2. 熟悉 MySQL 数据库的访问方法。

## 二、知识要点

1. SQLite 数据库介绍如下。

（1）Python 标准库中带有 sqlite3 模块，可直接导入以下语句。

```
import sqlite3
```

（2）建立数据库连接，返回 Connection 对象，使用数据库模块的 connect() 函数建立数据库连接，返回连接对象 con。

```
con=sqlite3.connect (conn_str) #连接到数据库, 返回 sqlite3.connection 对象
```

conn_str 是连接字符串。对于不同的数据库连接对象，连接字符串的格式不同，sqlite 的连接字符串为数据库的文件名。

（3）创建游标对象。

游标对象能够灵活地对从表中检索出的结果集进行操作，调用 Connection 对象的 cursor() 创建游标对象。

```
cur=con.cursor()
```

（4）使用 Cursor 对象的 execute() 方法执行 SQL 命令返回结果集。

```
cur.execute(sql)：执行 SQL 语句
cur.execute(sql, parameters)：执行带参数的 SQL 语句
cur.executemany(sql, params)：根据参数执行多次 SQL 语句
cur.executescript(sql_script)：执行 SQL 脚本
```

（5）获取游标的查询结果集，调用以下方法返回查询结果。

```
cur.fetchone()：返回结果集的下一行（Row 对象），无数据时返回 None
cur.fetchall()：返回结果集的剩余行（Row 对象列表），无数据时返回空 List
cur.fetchmany()：返回结果集的多行（Row 对象列表），无数据时返回空 List
```

（6）数据库的提交或回滚。

```
con.commit()：事务提交
con.rollback()：事务回滚
```

（7）关闭 Cursor 对象和 Connection 对象，方法如下。

```
cur.close():关闭 Cursor 对象
con.close():关闭 Connection 对象
```

2. MySQL 数据库介绍如下。

（1）pip 安装标准 MySQL 驱动方式如下。

```
pip install mysql-connector
```

（2）导入 MySQL Connector 模块，连接数据库，获取连接上的游标。

```
>>> import mysql.connector
```

（3）创建连接。

```
>>> cnx = mysql.connector.connect(user='root', password='123456', host='127.0.0.1')
>>> cursor = cnx.cursor()    #获取连接上的游标 curs
```

创建到 MySQL 数据库的连接需指定安装时设置的用户名 user 和密码 password。

（4）创建数据库表。

设新建数据库 company，其中表 employees 存放员工信息。

```
>>> cursor.execute("CREATE DATABASE company DEFAULT CHARACTER SET 'utf8'")
>>> cursor.execute("USE employees") #指定当前操作的数据库
>>> employees= (
    "CREATE TABLE 'employees' ("
    " 'emp_no' int(11) NOT NULL AUTO_INCREMENT,"
    " 'birth_date' date NOT NULL,"
    " 'first_name' varchar(14) NOT NULL,"
    " 'last_name' varchar(16) NOT NULL,"
    " 'gender' enum('M','F') NOT NULL,"
    " 'hire_date' date NOT NULL,"
    "  PRIMARY KEY ('emp_no')"
    ") ENGINE=InnoDB")
```

（5）向表中插入数据。

```
>>> from datetime import date
>>> hire_date = date(2019,12,1)
>>> add_employee = ("INSERT INTO employees "
            "(first_name, last_name, hire_date, gender, birth_date) "
            "VALUES (%s, %s, %s, %s, %s)")
>>> data_employee = ('Angus', 'Gust ', hire_date, 'M', date(1980, 6, 4))
>>> cursor.execute(add_employee, data_employee)
```

（6）查询记录。

以下语句查询在 2009 年 1 月 1 日到 2019 年 1 月 1 日之间雇佣的所有员工的信息，并使用 for 循环遍历输出所有雇员的信息。由于数据量较大，在此不再列出查询结果。

```
>>> query = ("SELECT first_name, last_name, hire_date FROM employees "
        "WHERE hire_date BETWEEN %s AND %s")
>>> hire_start, hire_end =date(2009,1,1), date(2019,1,1)
>>> cursor.execute(query, (hire_start, hire_end))
>>> for (first_name, last_name, hire_date) in cursor:
        print("{},{} was hired on {}".format(last_name, first_name, hire_date))
```

（7）更新记录。

将年薪低于 50000 的员工工资增加 20%，代码如下：

```
>>> low_salary = 50000
>>> inc_salary = 'update salaries set salary = salary*1.2 where salary < %s'
>>> cursor.execute(inc_salary,(low_salary,))
>>> cnx.commit()      #提交修改
```

（8）删除记录。

将名字为 Hilari 的员工信息删除，代码如下：

```
>>> name = 'Hilari'
>>> cursor.execute('delete from employees where first_name = %s',(name,))
```

（9）关闭游标和数据库连接。

```
>>> cursor.close()
>>> cnx.close()
```

## 三、实验内容

1. 设有数据文件 student.csv，内容如图 2-15-1 所示，请设计程序将此文件中数据导入 MySQL 数据库 stuDB 的表 data 中，并查询所有数据输出显示。

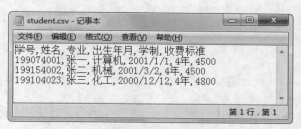

图 2-15-1　数据文件 student.csv 的内容

2. 设有数据文件 student.csv，内容同上题，请设计程序将此文件中数据导入 SQLite 数据库 stu.db 的表 data 中，并查询所有数据输出显示。

## 四、实验内容参考答案

1. 参考程序如下：

```
#sy15-1
mf=open('E:/student.csv',newline='')
import csv
data=csv.reader(mf,delimiter=',')
d1=[]
```

```
for x in data:
    dl.append(tuple(x))            #将读入的数据转换成元组的列表
del d1[0]                          #删除标题行

import mysql.connector as mc#导入MySQL连接器模块
cn = mc.connect(user='root',password='******',host='localhost')    # 连接MySQL数据库localhost
                                                    # ******为MySQL数据库登录密码
cur=cn.cursor()
cur.execute('create database stuDB CHARACTER SET gbk COLLATE gbk_chinese_ci;')
cn.database='stuDB'    #将新建的数据库设为当前数据库
sql='create  table  data(num  varchar(9),name  varchar(15),speciality  varchar(6),birth
varchar(10), \
xz varchar(4),tuition smallint,CONSTRAINT pk_codeclass PRIMARY KEY(num,speciality))'
cur.execute(sql)
cur.executemany('insert into data values(%s,%s,%s,%s,%s,%s)',d1)
cur.execute('select * from data order by speciality,num')
for x in cur.fetchall():
    print(x)
cn.commit()
cn.close()
mf.close()
```

2. 参考程序如下：

```
#sy15-2
import sqlite3
cn=sqlite3.connect('e:/stu.db')
sql="create table data(学号 text,姓名 text,专业 text,出生年月 text,学制 text,收费标准 int)"
cn.execute(sql)
mf=open('E:/student.csv',newline='')
import csv
data=csv.reader(mf,delimiter=',')
d1=[]
for a in data:
    d1.append(tuple(a))
del d1[0]  #删除标题行
cn.executemany('insert into data values(?,?,?,?,?,?)',d1)
cur=cn.execute('select * from data')
for x in cur.fetchall():
    print(x)
cn.commit() #提交修改
cn.close()
mf.close()
```

# 实验十六　图形绘制

## 一、实验目的

1. 学会使用 matplotlib 库绘制基本图形。
2. 熟悉利用 PIL 库处理图形图像的基本流程。

## 二、知识要点

1. matplotlib 库是一个 Python 的 2D 绘图库，可以方便地实现数据的展示，完成科学计算中数据的可视化，其中 pyplot 模块提供了一套和 MATLAB 类似的绘图方法。一般采用如下方式引入 matplotlib 中的 pyplot 模块。

```
>>> import matplotlib.pyplot as plt
```

2. pyplot 基本绘图流程如下：

（1）创建画布；

（2）设置图形参数；

（3）绘制图形；

（4）保存并显示图形。

3. PIL（Python Image Library）库是 Python 语言的第三方库，用于图像处理，需要通过 pip 工具安装。安装 PIL 库的方法如下，安装库的名字是 pillow。

```
>>>pip install pillow
```

PIL 库主要可以实现图像归档和图像处理两方面功能需求。

（1）图像归档：对图像进行批处理、生成图像预览、图像格式转换等。

（2）图像处理：图像基本处理、像素处理、颜色处理等。

## 三、实验内容

1. 使用 plot 函数绘制 $y = x^3 (x \in [-5,5])$ 曲线，效果如图 2-16-1 所示。

2. 某项实验由两个小组同步在做，有 5 个指标[A，B，C，D，E]，甲组完成的数据为[20，35，27，33，30]，乙组完成的数据为[23，31，28，35，29]，请绘制柱形图对两组进行比较，效果如图 2-16-2 所示。

3. 在平面坐标(0,0)~(1,1)的矩形区域随机产生 100 个点，并绘制散点图，效果如图 2-16-3 所示。

4. 绘制两个子图的曲线图，子图曲线分别为正弦和余弦函数（自变量区间为$[0,3\pi]$），效果如图 2-16-4 所示。

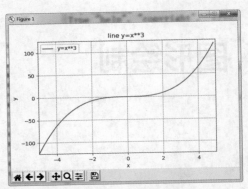

图 2-16-1　曲线图

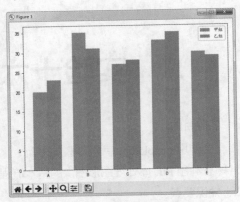

图 2-16-2　柱形图

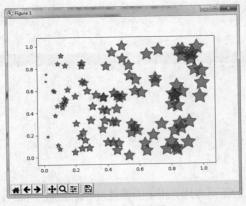

图 2-16-3　散点图

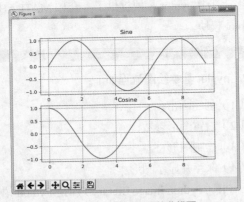

图 2-16-4　两个子图的曲线图

## 四、实验内容参考答案

1. 参考程序如下：

```
#sy16-1
import numpy as np
import matplotlib.pyplot as plt
plt.figure(figsize=(6,4))          #指定画布大小
data = np.arange(-5,5,0.1)         #确定自变量范围
plt.title('line y=x**3')           #添加标题
plt.xlabel('x')                    #添加 x 轴的名称
plt.ylabel('y')                    #添加 y 轴的名称
plt.xlim((-5,5))                   #确定 x 轴范围
plt.ylim((-125,125))               #确定 y 轴范围
plt.plot(data,data**3)             #添加 y=x^2 曲线
plt.legend(['y=x**3'])             #添加图例
plt.savefig('y=x^3.png')           #保存图片到当前目录下
plt.grid(True)                     #显示网络
plt.show()                         #显示图形
```

2.　参考程序如下：

```
#sy16-2
import matplotlib.pyplot as plt
import numpy as np
plt.rcParams['font.sans-serif'] = ['KaiTi']
x_index = np.arange(5)   #柱的索引
x_data = ('A', 'B', 'C', 'D', 'E')
y1_data = (20,35,27,33,30)
y2_data = (23,31,28,35,29)
bar_width = 0.35        #定义一个数字代表每个独立柱的宽度
rects1 = plt.bar(x_index, y1_data, width=bar_width,alpha=0.4, color='b',label='甲组')
#参数：左偏移、高度、柱宽、透明度、颜色、图例
rects2 = plt.bar(x_index + bar_width, y2_data, width=bar_width,alpha=0.5,color='r',label='乙组')
#参数：左偏移、高度、柱宽、透明度、颜色、图例
plt.xticks(x_index + bar_width/2, x_data)    #x轴刻度线
plt.legend()    #显示图例
plt.tight_layout()  #自动控制图像外部边缘
plt.show()
```

3.　参考程序如下：

```
#sy16-3
import numpy as np
import matplotlib.pyplot as plt
fig = plt.figure()                #添加一个窗口
ax =fig.add_subplot(1,1,1)        #在窗口上添加一个子图
x=np.random.random(100)           #产生随机数组
y=np.random.random(100)           #产生随机数组
ax.scatter(x,y,s=x*1000,c='b',marker=(5,1),alpha=0.5,lw=2,facecolors='none')
#x 横坐标，y 纵坐标，s 图像大小，c 颜色，marker 图片，lw 图像边框宽度
plt.show()  #所有窗口运行
```

4.　参考程序如下：

```
#sy16-4
import numpy as np
import matplotlib.pyplot as plt
# 计算正弦和余弦曲线上的点的 x 和 y 坐标
x = np.arange(0,3* np.pi,0.1)
y_sin = np.sin(x)
y_cos = np.cos(x)
# 建立 subplot 网格，高为 2，宽为 1
# 激活第一个 subplot,并绘制第一个图像
plt.subplot(2,1,1)
plt.plot(x, y_sin)
plt.grid(True)
plt.title('Sine')
# 将第二个 subplot 激活，并绘制第二个图像
plt.subplot(2,1,2)
plt.plot(x, y_cos)
plt.grid(True)
plt.title('Cosine')
plt.show()
```

# 综合实训

# 实训案例 1　学生信息管理系统

## 一、实训目的

1. 通过本案例，学会分析问题需求。
2. 学会根据系统的功能需求，合理选择数据存储方式。
3. 进一步培养编程的逻辑思维能力。

## 二、知识要点

1. 利用流程图表示算法。
2. 掌握利用函数实现模块化程序设计的方法。
3. 掌握利用列表和字典方法临时存储数据的方法。
4. 掌握利用文件长期保存数据及程序的方法。
5. 掌握与文件交互数据的方法。

## 三、案例实现过程

### 1. 系统功能要求

（1）导入学生信息：程序启动后能够从文件中将所有学生信息导入到程序中，学生信息包括学号、姓名、班级、性别、年龄、电话、QQ 和地址，并能浏览所有学生信息。

（2）学生信息查询：能够根据学号进行查询。

（3）增加学生信息：能够向管理系统增加学生信息。

（4）修改学生信息：能够修改学生的所有信息。

（5）删除学生信息：能够根据学号删除学生信息。

（6）保存学生信息：能够将所有学生的信息保存到文件中。

### 2. 系统流程图

系统流程如图 3-1-1 所示。

### 3. 系统实现

系统包含 7 个功能模块（导入模块、浏览信息、新增信息、查询信息、修改信息、删除信息和保存信息）和 1 个主模块，每个功能模块由各自的独立函数完成。为方便操作，系统提供了菜单界面，通过人机交互实现相关功能调用。选择文本文件（student.txt）长期保存数据，具体格式如图 3-1-2 所示。

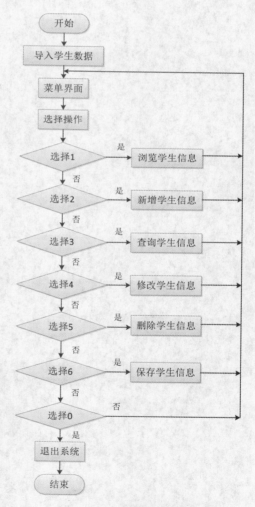

图 3-1-1　系统操作流程

图 3-1-2　系统数据文件

系统参考程序如下。

```python
# 学生信息管理系统
card_list = []    #存放学生信息的列表
headline=[]
def load_info():
    """从文件导入学生信息"""
    fr = open("student.txt",'r')
    head = fr.readline()
    headline.append(head)          #为后面写入表头做准备
    fr.seek(0,0)
    lines=fr.readlines()
    field=lines.pop(0).split(',') #移除表头
    for eachline in lines:
        t=eachline.split('\t')     #取出每行数据，即列表 lines 中的一个元素
        t[7]=t[7].strip('\n')      #删除每行后的换行符
        card_dict = {
                    'num_str': t[0],
                    'name_str': t[1],
                    'class_str': t[2],
                    'sex_str': t[3],
                    'age_str': t[4],
                    'phone_str': t[5],
                    'qq_str': t[6],
                    'addr_str':t[7]}
        card_list.append(card_dict) # 将学生信息字典添加到列表中
    print('学生信息成功导入！')
    fr.close()

def save_info():
    fw = open("student.txt",'w')
    fw.write(" ".join(headline))                #写入表头
    for i in range(len(card_list)):
        fw.write(card_list[i]["num_str"]+"\t")  #写入每行有效数据
        fw.write(card_list[i]["name_str"]+"\t")
        fw.write(card_list[i]["class_str"]+"\t")
        fw.write(card_list[i]["sex_str"]+"\t")
        fw.write(card_list[i]["age_str"]+"\t")
        fw.write(card_list[i]["phone_str"]+"\t")
        fw.write(card_list[i]["qq_str"]+"\t")
        fw.write(card_list[i]["addr_str"]+"\n")
```

```
        print('学生信息成功保存! ')
    fw.close()

def show_menu():
    """显示菜单"""
    print()
    print('*' * 70)
    print('欢迎使用【学生信息管理系统】')
    print()
    print('1.浏览全部')
    print('2.新增学生')
    print('3.搜索学生')
    print('4.修改学生')
    print('5.删除学生')
    print('6.保存信息')
    print('0.退出系统')
    print('*' * 70)
    print()

def new_student():
    """新增学生"""
    print('-' * 70)
    print('新增学生')
    # 提示用户输入学生的详细信息
    num_str = input('请输入学号：')
    name_str = input('请输入姓名：')
    class_str = input('请输入班级：')
    sex_str = input('请输入性别：')
    age_str = input('请输入年龄：')
    phone_str = input('请输入电话：')
    qq_str = input('请输入QQ：')
    addr_str = input('请输入地址：')
    # 使用用户输入的信息建立一个学生信息字典
    card_dict = {   'num_str': num_str,
                    'name_str': name_str,
                    'class_str': class_str,
                    'sex_str': sex_str,
                    'age_str': age_str,
                    'phone_str': phone_str,
                    'qq_str': qq_str,
                    'addr_str': addr_str}
    # 将学生信息字典添加到列表中
    card_list.append(card_dict) # 一个字典的键值对为列表中的一个元素
    # 提示用户添加成功
    print('添加%s的信息成功' % name_str)
```

113

```python
def show_all():
    """显示所有学生信息"""
    print ('-' * 70)
    print ('显示所有学生信息')
    # 判断是否存在学生信息记录，如果没有，提示用户并且返回
    if len(card_list) == 0:
        print ('当前没有任何学生记录，请使用新增功能添加学生信息')
        return
        # 打印表头
    for name in ["学号","姓名","班级","性别","年龄","电话","QQ","地址"]:
        print (name,"\t",end="")
    print ('')
    # 打印分隔线
    print ('=' * 70)
    # 遍历学生信息列表依次输出字典信息
    for card_dict in card_list:
        print ('%s\t%s\t%s\t%s\t%s\t%s\t%s\t%s' % (card_dict['num_str'],
                                                    card_dict['name_str'],
                                                    card_dict['class_str'],
                                                    card_dict['sex_str'],
                                                    card_dict['age_str'],
                                                    card_dict['phone_str'],
                                                    card_dict['qq_str'],
                                                    card_dict['addr_str']))


def search_student():
    """搜索学生信息"""
    print ('-' * 70)
    print ('搜索学生信息')
    # 1.提示用户输入要搜索的姓名
    find_name = input('请输入要搜索的姓名：')
    # 2.遍历学生信息列表，查询要搜索的姓名，如果没有找到，需要提示用户
    for i in range(len(card_list)):
        if find_name == card_list[i]['name_str']:
            print ("学号\t姓名\t班级\t性别\t年龄\t电话\tQQ\t地址")
            print ('=' * 70)
            print ('%s\t%s\t%s\t%s\t%s\t%s\t%s\t%s' % (card_list[i]['num_str'],
                                                        card_list[i]['name_str'],
                                                        card_list[i]['class_str'],
                                                        card_list[i]['sex_str'],
                                                        card_list[i]['age_str'],
                                                        card_list[i]['phone_str'],
                                                        card_list[i]['qq_str'],
                                                        card_list[i]['addr_str']))

            break
    else:
        print ('抱歉，没有找到%s' % find_name)
```

```python
def update_student():
    """修改学生信息"""
    find_num = input('请输入待修改学生学号: ')
    for i in range(len(card_list)):
        if find_num == card_list[i]['num_str']:
                print ("学号\t姓名\t班级\t性别\t年龄\t电话\tQQ\t地址")
                print ('%s\t%s\t%s\t%s\t%s\t%s\t%s\t%s\n'% (card_list[i]['num_str'],
                                                   card_list[i]['name_str'],
                                                   card_list[i]['class_str'],
                                                   card_list[i]['sex_str'],
                                                   card_list[i]['age_str'],
                                                   card_list[i]['phone_str'],
                                                   card_list[i]['qq_str'],
                                                   card_list[i]['addr_str']))
                # 替换已经存在的键值对(学号不能修改)
                card_list[i]['name_str'] = input_info(card_list[i]['name_str'], '姓名: ')
                card_list[i]['class_str'] = input_info(card_list[i]['class_str'], '班级: ')
                card_list[i]['sex_str'] = input_info(card_list[i]['sex_str'], '性别: ')
                card_list[i]['age_str'] = input_info(card_list[i]['age_str'], '年龄: ')
                card_list[i]['phone_str'] = input_info(card_list[i]['phone_str'], '电话: ')
                card_list[i]['qq_str'] = input_info(card_list[i]['qq_str'], 'QQ: ')
                card_list[i]['addr_str'] = input_info(card_list[i]['addr_str'], '地址: ')
                print ('修改学生信息成功！！！')
                break
        else:
            print ('抱歉，没有找到学号为%s的学生' % find_num)
def input_info(dict_value, tip_message):
    """
    :param dict_value:字典中原有的值
    :param tip_message:输入的提示文字
    :return:如果用户输入了内容，就返回内容，负责返回字典中原有的值
    """
    # 1.提示用户输入内容
    result_str = input(tip_message)
    # 2.针对用户的输入进行判断，如果用户输入了内容，直接返回结果
    if len(result_str) > 0:
        return result_str
    # 3.如果用户没有输入内容，返回 '字典中原有的值'
    else:
        return dict_value

def delete_student():
    """删除学生信息"""
    find_num = input('请输入待删除学生学号: ')
    for i in range(len(card_list)):
        if find_num == card_list[i]['num_str']:
```

115

```
                    del card_list[i]
        print ('删除学生信息成功! ')


#以下为主程序
load_info()
print("学生信息已导入! ")
while True:
    show_menu()   #显示菜单
    action_str = input("请选择希望执行的操作: ")
    print("你选择的操作是 %s" % action_str)
    if action_str in ["1","2","3","4","5","6"]:
        if action_str == "1":
            show_all()
        elif action_str == "2":
            new_student()
        elif action_str == "3":
            search_student()
        elif action_str == "4":
            update_student()
        elif action_str == "5":
            delete_student()
        elif action_str == "6":
            save_info()
    # 0退出系统
    elif action_str == "0":
        print("欢迎再次使用【学生信息管理系统】:")
        break
    else:
        print("输入错误, 请重新输入:")
```

4. 系统运行情况

系统运行后的部分界面如图 3-1-3～图 3-1-9 所示。

```
***********************************************************
            欢迎使用【学生信息管理系统】

                   1. 浏览全部
                   2. 新增学生
                   3. 搜索学生
                   4. 修改学生
                   5. 删除学生
                   6. 保存信息
                   0. 退出系统
***********************************************************
```

图 3-1-3　系统主菜单

```
请选择希望执行的操作: 1
你选择的操作是 1
─────────────────────────────────────────────────────────
显示所有学生信息
学号      姓名      班级      性别      年龄      电话      QQ        地址
=========================================================
1001      张一      1         男        21        123456    969696    mas
1002      张二      2         女        21        321321    654321    nanjing
1003      张三      3         男        23        252525    525252    nanjing
1004      张四      4         女        21        123123    636363    jinan
1005      张五      5         男        19        762323    998998    hefei
```

图 3-1-4　浏览信息

请选择希望执行的操作：2
你选择的操作是 2
————————————————————————
新增学生
请输入学号：1006
请输入姓名：张六
请输入班级：6
请输入性别：男
请输入年龄：18
请输入电话：136136
请输入QQ：952233
请输入地址：shaihai
添加张六的信息成功

图 3-1-5 添加信息

请选择希望执行的操作：3
你选择的操作是 3
————————————————————————
搜索学生信息
请输入要搜索的姓名：张三

| 学号 | 姓名 | 班级 | 性别 | 年龄 | 电话 | QQ | 地址 |
| --- | --- | --- | --- | --- | --- | --- | --- |
| ==================================================== | | | | | | | |
| 1003 | 张三 | 3 | 男 | 23 | 252525 | 525252 | nanjing |

图 3-1-6 搜索信息

请选择希望执行的操作：4
你选择的操作是 4
请输入待修改学生学号：1003

| 学号 | 姓名 | 班级 | 性别 | 年龄 | 电话 | QQ | 地址 |
| --- | --- | --- | --- | --- | --- | --- | --- |
| 1003 | 张三 | 3 | 男 | 22 | 152152 | 525525 | nanjing |

姓名：张三
班级：3
性别：男
年龄：21
电话：123654
QQ：951951
地址：beijing
修改学生信息成功！！！

图 3-1-7 修改信息

请选择希望执行的操作：5
你选择的操作是 5
请输入待删除学生学号：1005
删除学生信息成功！！！

图 3-1-8 删除信息

请选择希望执行的操作：6
你选择的操作是 6
学生信息成功保存！

图 3-1-9 保存信息

# 实训案例 2　ATM 模拟系统

## 一、实训目的

1. 通过本案例，学会根据问题需求设计实现类。
2. 学会根据系统的功能需求，合理设计用户界面。
3. 培养编程的逻辑思维能力。

## 二、知识要点

1. 利用流程图表示程序结构。
2. 掌握面向对象程序设计方法。
3. 掌握 SQLite 数据库存储数据的方法。
4. 掌握基于 Tkinter 的 GUI 程序设计。
5. 熟悉 PyCharm 等编辑器的操作。

## 三、案例实现过程

### 1. 系统功能要求

基于 Tkinter 库和 SQLite 数据库实现银行 ATM 模拟系统，实现登录、查询余额、存款、取款操作，余额不足时给出提示。

### 2. 系统流程

系统流程如图 3-2-1 所示。

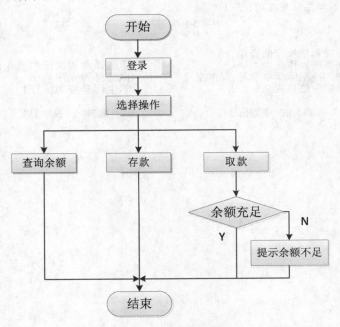

图 3-2-1　ATM 模拟系统流程

3．系统实现

（1）考虑系统功能需求较多，本案例采用面向对象的程序设计方法，不同类分布在不同的模块中，同时采用多个文件夹（包）来管理这些模块。具体文件组织如图 3-2-2 所示，data 文件夹存放数据库（bankdb）及读写数据库相关的模块（init_data.py）；domain 文件夹存放账户操作模块（account.py）、用户信息模块（customer.py）和异常处理模块（overdraftexception.py）；gui 文件夹存放绘制用户操作界面的主模块（ATMCLient.py）。如果是在 PyCharm 编辑器中，则可以通过创建包的方式建立文件夹（其下会自动生成 __init__.py 文件）。若是在 IDLE 下组织文件，请先在某磁盘根目录下新建 src 文件夹，然后在其下新建 data、domain 和 gui 文件夹。

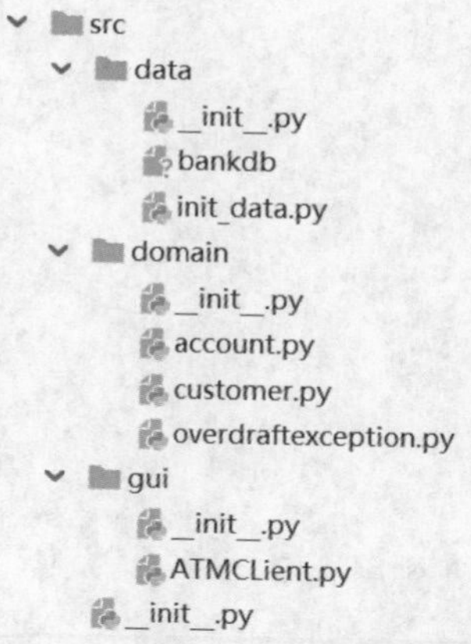

（2）类相关信息如下。

① account 模块：设计 Account 类定义查询余额、存款和取款等基本操作；SavingsAccount 类继承 Account 类，定义储蓄账户；CheckingAccount 类继承 Account 类，定义信用账户，允许在信用额度内超支。

② customer 模块：设计 Customer 类处理客户的姓名等账户相关信息。

③ overdraftexception 模块：设计 OverdraftException 类，当取款金额超出余额时抛出异常。

④ ATMCLient 模块：设计 Login 类用于定义登录窗体；ATM 类用于接收相关交互操作。

（3）模块实现如下。

① init_data 模块

data 包中 init_data 模块创建存放用户银行信息的数据库 bankdb，并向 account 表中添加初始记录。具体代码如下。

图 3-2-2　ATM 模拟系统程序结构

```python
import sqlite3
conn = sqlite3.connect('bankdb')  # create or open db file
curs = conn.cursor()
# account 表中存放用户卡号、密码、账户类型（储蓄账户/信用账户）、姓名等信息
tblcmd = 'create table if not exists account (card_id char(6), pw char(6), card_type char(1),
balance int(8), customer char(30))'
curs.execute(tblcmd)
curs.executemany('insert into account values (?, ?, ?, ?, ?)',
            [('111111','123456','S', 70000, 'Ann Lee'),
             ('222222','123456','S', 60000, 'Bob Chen'),
             ('333333','123456','C', 0, 'Charlie Green')])
conn.commit()
curs.close()
conn.close()
```

② account 模块

该模块主要包含 3 个类：设计 Account 类、SavingsAccount 类和 CheckingAccount 类，具体代码如下。

```python
import sys
sys.path.append("../domain")  #添加路径，以便导入其他文件夹下的模块，下同
from overdraftexception import *
# Account 类定义查询余额、存款和取款基本操作
```

```
class Account:
    def __init__(self,ID,initBalance):
        self.balance = initBalance;
        self.ID = ID
    def getBalance(self):
        return self.balance;
    def deposit(self,amt):
        self.balance = self.balance + amt
    def withdraw(self, amt):
        result = False # assume    operation    failure
        if amt <= self.balance:
            self.balance = self.balance - amt
        else:
            raise OverdraftException("Insufficient funds", amt - self.balance)


# SavingsAccount 类继承 Account 类，定义储蓄账户
class SavingsAccount(Account):
    def __init__(self, ID, initBalance,interestRate=0.05):
        Account.__init__(self,ID,initBalance)
        self.interestRate = interestRate
    def accumulateInterest(self):
        self.balance += (self.balance * self.interestRate)


# CheckingAccount 类继承 Account 类，定义信用账户，允许在信用额度内超支
class CheckingAccount(Account):
    def __init__(self, initBalance, initID,overdraftAmount=5000):
        Account.__init__(self,initBalance, initID)
        self.overdraftAmount = overdraftAmount
    def withdraw(self,amount):
        if self.balance < self.amount:
            #余额不足，检查信用额度
            overdraftNeeded = amount - self.balance;
            if self.overdraftAmount < overdraftNeeded:
                raise OverdraftException("Insufficient funds for overdraft protection", \
                    overdraftNeeded)
            else:
                self.balance = 0.0
                self.overdraftAmount -= overdraftNeeded
        else:
            self.balance = self.balance - amount
```

③ customer 模块

该模块内含 Customer 类，主要用于处理客户的姓名等账户相关信息。具体代码如下。

```
import sys
sys.path.append("../domain")
from account import *
class Customer:
    def __init__(self, fname, lname):
        self.firstName = fname
        self.lastName = lname
```

```
            self.accounts = list()
        def getFirstName(self):
            return self.firstName
        def getLastName(self):
            return self.lastName;
        def __str__(self):
            return self.firstName.title()+' '+self.lastName.title()
        def addAccount(self, acct):
            self.accounts.append(acct)
        def getNumOfAccounts(self):
            return self.accounts.size()
        def getAccount(self, account_index):
            return self.accounts[account_index]
```

④ overdraftexception 模块

该模块主要包含自定义异常类 OverdraftException，当取款金额超出余额时抛出异常。具体代码如下：

```
class OverdraftException(Exception):
    def __init__(self, msg, deficit):
        Exception.__init__(msg)
        self.deficit = deficit
    def getDeficit(self):
        return self.deficit
```

⑤ ATMClient 模块

该模块主要包含 Login 类和 ATM 类，分别用于定义登录窗体和实现相关交互操作。具体代码如下：

```
import sys
sys.path.append("../domain")
from account import *
from customer import *
import tkinter as tk
from tkinter.simpledialog import askinteger

def conndb(dbfile):
    import sqlite3
    conn = sqlite3.connect(dbfile)  # create or open db file
    curs = conn.cursor()
    return conn, curs


class Login(tk.Toplevel):# 弹窗
    def __init__(self):
        super().__init__()
        self.title('登录')
        self.setup_UI()
    def setup_UI(self):
        row1 = tk.Frame(self)
        row1.pack(fill="x")
        tk.Label(row1, text='Card ID', width=14).pack(side=tk.LEFT)
        self.card = tk.StringVar()
        tk.Entry(row1, textvariable=self.card , width=20).pack(side=tk.LEFT)
```

```
                row2 = tk.Frame(self)
                row2.pack(fill="x", ipadx=1, ipady=1)
                tk.Label(row2, text='Password', width=14).pack(side=tk.LEFT)
                self.pw = tk.IntVar()
                tk.Entry(row2, text ='',textvariable=self.pw, show='*',width=20). pack(side=tk.LEFT)

                row3 = tk.Frame(self)
                row3.pack(fill="x")
                tk.Button(row3, text="Cancel", command=self.cancel).pack(side=tk.RIGHT)
                tk.Button(row3, text="OK", command=self.ok).pack(side=tk.RIGHT)
        def ok(self):
                self.userinfo = [self.card.get(), self.pw.get()] # 设置数据
                self.destroy() # 销毁窗口
        def cancel(self):
                self.userinfo = None
                self.destroy()
# 主窗
class ATM(tk.Tk):
        def __init__(self):
                super().__init__()
                self.title('用户信息')
                # 程序参数/数据
                self.card = ''
                self.pw = 30
                # 程序界面
                self.conn, self.curs = conndb('../data/bankdb')
                self.setupUI()
                self.enable_btns('disabled')
                self.setup_config()
        def setupUI(self):
                rows=[]
                self.btns = []
                for i in range(6):
                        rows.append(tk.Frame(self))
                        rows[i].pack(side = tk.TOP)
                btn_txts = [余额查询,存钱',' 取钱']
                btn_commands = [self.get_balance,self.deposite,self.withdraw]
                for i in range(3):
                        self.btns.append(tk.Button(rows[i], text=btn_txts[i], command=btn_
commands[i] , width=12))
                        self.btns[i].pack(side=tk.LEFT)
                self.statusLabel = tk.Label(rows[3], text='', width=40)
                self.statusLabel.pack(side=tk.LEFT)

        def enable_btns(self,stat):
                for i in range(3):
                        self.btns[i].config(state = stat)

        def get_balance(self):
```

```
                        self.curs.execute('select balance from account where card_id=' + str(self.
account.ID))
                        self.statusLabel.config(text = 'Your account balance is: '+ str(self.account.
getBalance()))

        def deposite(self):
            try :
                amount = askinteger('Entry', 'Enter amount to deposite:')
                if amount:
                    self.account.deposit(amount)
                    altstr = 'update account set balance = '+ str(self.account.getBalance())+'
where card_id= ' + str(self.account.ID)
                    self.curs.execute(altstr)
                    self.conn.commit()
                    self.statusLabel.config(text="Your deposit of " + str(amount) + " was
successful.")
            except:
                self.statusLabel.config("Deposit amount is not a number!" )

        def withdraw(self):
            try :
                amount = askinteger('Entry', 'Enter amount to withdraw:')
                if amount:
                    try:
                        self.account.withdraw(amount)
                        altstr = 'update account set balance = ' + str(
                                self.account.getBalance()) + ' where card_id= ' + str(
                                self.account.ID)
                        self.curs.execute(altstr)
                        self.conn.commit()
                        self.statusLabel.config(text="Your withdraw of " + str(amount) + "
was successful.")
                    except OverdraftException:
                        self.statusLabel.config(text="Balance is not surfficient!" )

            except:
                self.statusLabel.config("Deposit amount is not a number!" )

        def setup_config(self):
            info= self.ask_userinfo()
            self.card, self.pw = info
            if self.card and self.pw:
                print('select * from account where card_id = '+ str(self.card)+ ' and pw
='+str(self.pw))
                self.curs.execute('select * from account where card_id = '+ str(self.card)+
' and pw ='+str(self.pw))
                rec=self.curs.fetchone()
                if rec:
                    firstname,lastname = rec[4].split(' ')
                    self.customer = Customer(firstname,lastname)
                    card_id,balance = rec[0],rec[3]
                    if rec[2]=='S':
                        self.account = SavingsAccount(card_id,balance)
                    elif rec[2]=='C':
```

```
                                    self.account = CheckingAccount(card_id, balance)
                        else:
                                self.statusLabel.config(text='Illegal account! ' )
                    self.statusLabel.config(text='welcome! ' + str(self.customer))
                    self.enable_btns('normal')
                else:
                    self.statusLabel.config(text='Incorrect card or password,input again! ')
                    self.setup_config()
            else:
                self.statusLabel.config(text='Please input card and password! ')
                self.setup_config()
    # 弹窗
    def ask_userinfo(self):
        inputDialog = Login()
        self.wait_window(inputDialog) # 这一句很重要！！！
        return inputDialog.userinfo
if __name__ == '__main__':
    app = ATM()
    app.mainloop()
```

4. 系统运行结果

系统运行主要界面如图 **3-2-3** 所示。系统主模块（**ATMClient**）运行前，请先运行 **init_data** 模块，用于初始信息化数据库。然后启动主模块，成功登录后，可以通过单击"存钱"和"取钱"按钮，通过交互实现账户余额的变更，但取钱时不能超出账户余额，否则会抛出异常。

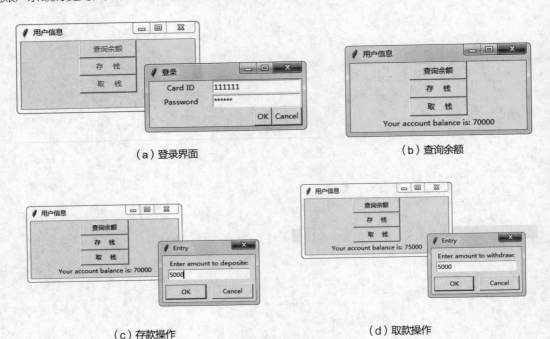

（a）登录界面　　　　　　　　　　　　　　　　　（b）查询余额

（c）存款操作　　　　　　　　　　　　　　　　　（d）取款操作

图 3-2-3　程序运行界面

# 实训案例3　*K*均值聚类算法

## 一、实训目的

1. 通过本案例，学会分析问题需求。
2. 学会根据系统的功能需求，设计算法解决实际问题。
3. 进一步培养编程的逻辑思维能力和程序调试能力。

## 二、知识要点

1. 利用流程图表示算法。
2. 掌握利用函数实现模块化的程序设计方法。
3. 掌握利用 matplotlib 库图形化运行结果的方法。

## 三、案例实现过程

1. 算法介绍

（1）聚类分析是一组将研究对象分为相对同质的群组（clusters）的统计分析技术。聚类的输入是一组未被标记的样本，聚类根据数据自身的距离或者相似度将其划分成若干个组，划分的原则是组内距离最小化而组间（外部）距离最大化。

（2）向量间的距离或相似性度量计算：设两个向量为 $X=\{x_1, x_2, \cdots, x_n\}$ 和 $Y=\{y_1, y_2, \cdots, y_n\}$，则向量间距离常见有以下几种计算方法。

欧氏距离：$d_{xy} = \sqrt{(x_1 - y_1)^2 + (x_2 - y_2)^2 + \cdots + (x_n - y_n)^2}$；

曼哈顿距离：$d_{xy} = |x_1 - y_1| + |x_2 - y_2| + \cdots + |x_n - y_n|$；

切比雪夫距离：$d_{xy} = \max(|x_1 - y_1|, |x_2 - y_2|, \cdots, |x_n - y_n|)$；

余弦距离：$d_{xy} = \dfrac{x_1 y_1 + x_2 y_2 + \cdots + x_n y_n}{\sqrt{x_1^2 + y_1^2} \sqrt{x_2^2 + y_2^2} \cdots \sqrt{x_n^2 + y_n^2}}$。

（3）*K*均值聚类算法是以距离为相似度度量方法的典型算法，*K* 表示类别数，需事先给定，具体算法步骤如下。

① 从数据向量空间中选取 *K* 个向量作为中心点，每个中心点代表一个类；

② 对剩余的向量测量其到每个中心点的距离，并将其归类到最近中心的类；

③ 采用平均值的方法，重新计算已得到的各个类的中心点；

④ 重新进行第②③步，重新分类，直到新的中心与原中心相等，或差值小于指定阈值，算法结束。

（4）*K*均值聚类算法特点如下。

① 适合对簇状空间分布的数据进行分类，算法快速、简单、易于理解；

② *K*值靠经验给定，实际应用时往往需要反复尝试；

③ 对噪声和孤立点数据敏感，导致均值偏离严重；

④ 算法对初始聚类中心敏感，一旦初始值选择得不好，可能无法得到有效的聚类结果。

2. 算法流程图

K 均值聚类流程如图 3-3-1 所示。

3. 算法实现

算法以二维数据为例，先随机生成 m 个指定范围的 K 类数据向量（示例数据 m=400，K=4，数据分布在(0,0)～(10,10)矩形区域内）的人工数据集。原始样本如图 3-3-2 所示。

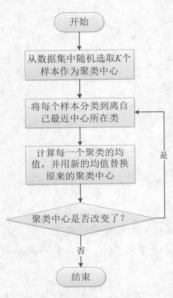

图 3-3-1　K 均值聚类算法流程

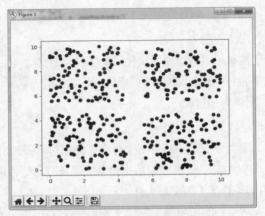

图 3-3-2　原始数据空间

系统参考程序如下：

```python
import numpy as np
import matplotlib.pyplot as plt
m=400 #数据量
#随机产生 m 个数据样本，平均分布在矩形区域的 4 个角
def CreateData(m):
    data = np.zeros((m,2))
    for i in range(m//4):
        data[i,:] = [np.random.uniform(0,4.5),np.random.uniform(0,4.5)]
    for i in range(m//4,m//2):
        data[i,:] = [np.random.uniform(5.5,10),np.random.uniform(0,4.5)]
    for i in range(m//2,3*m//4):
        data[i,:] = [np.random.uniform(5.5,10),np.random.uniform(5.5,10)]
    for i in range(3*m//4,m):
        data[i,:] = [np.random.uniform(0,4.5),np.random.uniform(5.5,10)]
    return data

# 欧氏距离计算
def distEclud(x,y):
    return np.sqrt(np.sum((x-y)**2))

# 为给定数据集构建一个包含 k 个随机质心的集合
```

```python
def randCent(dataSet,k):
    m,n = dataSet.shape    #m行n列
    centroids = np.zeros((k,n))
    for i in range(k):
            #uniform 随机生成一个实数，它在 [0, m) 范围内
            index = int(np.random.uniform(0,m))
            centroids[i,:] = dataSet[index,:]
    print("初始聚类中心: \n",centroids)
    return centroids

# k均值聚类
def KMeans(dataSet,k):
    m = np.shape(dataSet)[0]    #行的数目
    # clusterAssment 第一列存样本属于哪一簇
    # clusterAssment 第二列存样本到簇的中心点的误差
    clusterAssment = np.mat(np.zeros((m,2)))
    clusterChange = True

    # 第1步 初始化质心 centroids
    centroids = randCent(dataSet,k)
    n=0
    while clusterChange:
        clusterChange = False
        # 遍历所有的样本（行数）
        for i in range(m):
            minDist = 100000.0
            minIndex = -1
            # 遍历所有的质心
            #第2步 找出最近的质心
            for j in range(k):
                    # 计算该样本到质心的欧式距离
                    distance = distEclud(centroids[j,:],dataSet[i,:])
                    if distance < minDist:
                        minDist = distance
                        minIndex = j
        # 第 3 步: 更新每一行样本所属的簇
        if clusterAssment[i,0] != minIndex:    #如果中心点不变化的时候，则终止循环
            clusterChange = True
            clusterAssment[i,:] = minIndex,minDist**2
        #第 4 步: 更新质心
        for j in range(k):
            pointsInCluster = dataSet[np.nonzero(clusterAssment[:,0].A == j)[0]]
                                    # 获取簇类所有的点,A 表示将矩阵转化为数组
            centroids[j,:] = np.mean(pointsInCluster,axis=0)    # 对矩阵的行求均值
        n=n+1    #记录迭代次数
    print("聚类成功! 迭代次数=",n)
    return centroids,clusterAssment
```

```
#显示聚类结果
def showCluster(dataSet,k,centroids,clusterAssment):
    m,n = dataSet.shape
    if n != 2:
            print("数据不是二维的")
            return 1

    mark = ['or', 'xb', '*g', 'vk', '^r', '+r', 'sr', 'dr', '<r', 'pr']
    if k > len(mark):
            print("k值太大了")
            return 1

    # 绘制所有的样本
    for i in range(m):
            markIndex = int(clusterAssment[i,0])#获取类标记
            plt.plot(dataSet[i,0],dataSet[i,1],mark[markIndex])#根据类标记决定数据点的绘制颜色

    mark = ['Dk', 'Dg', 'Db', 'Dr', '^b', '+b', 'sb', 'db', '<b', 'pb'] #D:diamond marker
    # 绘制质心
    for i in range(k):
            plt.plot(centroids[i,0],centroids[i,1],mark[i])
    plt.show()

k = 4
data=CreateData(m)
centroids,clusterAssment = KMeans(data,k)
print("最终的聚类中心: \n",centroids)
showCluster(data,k,centroids,clusterAssment)
```

4. 系统运行情况

　　系统运行后的部分界面如图 3-3-3 所示，菱形符号表示聚类中心，相同符号表示同一类数据，聚类结果的文本数据如图 3-3-4 所示。

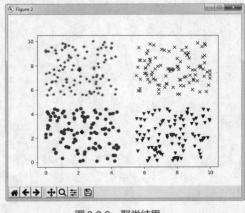

图 3-3-3　聚类结果

初始聚类中心:
[[3.03328447 1.09785251]
 [8.91791233 6.0354575 ]
 [2.99030675 4.31972066]
 [9.85593841 4.2978772 ]]
聚类成功!　迭代次数= 5
最终的聚类中心:
[[2.20451168 2.51831363]
 [7.72257974 7.68114275]
 [2.05271606 7.66515328]
 [7.68056791 2.24549357]]

图 3-3-4　聚类结果的文本数据

# 实训案例 4　Python 网络爬虫

## 一、实训目的

掌握爬虫的基本流程和相关库的基本使用方法，学会编写简单的爬虫程序。

## 二、知识要点

1. 理解爬虫的基本结构。

2. 掌握 urllib 库、requests 库和 BeautifulSoup 基本用法。

3. 掌握数据存储/展示的基本方法。

## 三、案例实现过程

1. 相关技术要点

网页数据抓取技术用于从网络资源上抓取网页中的一些有用数据或网络文件。Python 爬虫的基本工作流程如下。

（1）发起请求

通过 Python 的 urllib 库或第三方 requests 库向目标站点发起资源请求，即发送一个 Request，请求可以包含额外的 header 等信息，然后等待服务器响应。

（2）获取响应内容

如果服务器正常响应，则会得到一个 Response 对象。Response 的内容便是所要获取的页面内容，类型可能是 HTML、JSON 字符串、二进制数据（图片或视频）等类型。

（3）解析内容，保存数据

使用正则表达式或第三方库 BeautifulSoup 解析 HTML 页面，得到所需数据；若是二进制数据，则可以直接保存或进一步处理。

2. 涉及模块

抓取网页数据需要用到 urllib 模块、BeautifulSoup 模块和 requests 模块，下面对这 3 个模块进行简要介绍。

（1）urllib 模块

urllib 是 Python 内置的标准库模块，使用它可以像访问本地文本文件一样读取网页的内容。Python 的 urllib 库模块包括以下 4 个模块。

urllib.request：请求模块，用于打开和读取 URL 资源；

urllib.error：异常处理模块；

urllib.parse url：解析模块，用于解析 URL 资源；

urllib.robotparser：解析模块。

使用 urllib.request 模块获取网站信息的简单示例代码如下。

```
import urllib.request #导入urllib.request模块

response = urllib.request.urlopen('https://www.baidu.com/') #连接网站，发起请求
```

```
print(response.info()) #获取网站代码信息
print(response.read().decode())
```

部分输出如下：

```
Accept-Ranges: bytes
Cache-Control: no-cache
Content-Length: 227
Content-Type: text/html
…
<html>
<head>
    <script>
        location.replace(location.href.replace("https://","http://"));
    </script>
</head>
<body>
<noscript><meta http-equiv="refresh" content="0; url=http://www.baidu.com/"> </noscript>
</body>
</html>
```

（2）BeautifulSoup 模块

BeautifulSoup 模块是 Python 的一个解析、遍历、维护网页文档"标签"的第三方库，主要用于从网站上通过解析网页获取文档数据。BeautifulSoup 模块提供了一些功能函数用来处理导航、搜索、修改转换后的分析树。BeautifulSoup 对应一个 HTML/XML 文档的全部内容。使用 BeautifulSoup 模块时不需要考虑编码方式，会自动将输入文档转换为 Unicode 编码，输出文档转换为 UTF-8 编码。使用 pip 安装 BeautifulSoup 模块的命令如下。

```
pip install beautifulsoup4
```

安装完成后，下列代码展示了 BeautifulSoup 模块的基本功能。

```
>>> html = '''
<html>
<head>
<title>The Test HTML Page</title>
</head>
<body>
<p>The first paragraph in body.</p>
<p>The second paragraph in body.</p>
</body>
</html>
'''
>>> from bs4 import BeautifulSoup #约定引用方式，主要是用 BeautifulSoup 类
>>> soup = BeautifulSoup(html, "html.parser")
>>> soup.title #显示标签信息
<title>The Test HTML Page</title>
>>> soup.p #显示标签信息
<p>The first paragraph in body.</p>
>>> for child in soup.body.children: #标签树的下行遍历
```

```
      print(child, end = '')
<p>The first paragraph in body.</p>
<p>The second paragraph in body.</p>
>>> for parent in soup.p.parents:  #标签树的上行遍历
      if parent:print(parent.name)
body
html
[document]
>>> for sibling in soup.p.next_siblings:  #标签树的平行遍历
      print(sibling)
<p>The second paragraph in body.</p>
>>> print(soup.prettify())  #HTML 格式输出
<html>
 <head>
  <title>
   The Test HTML Page
  </title>
 </head>
 <body>
  <p>
   The first paragraph in body.
  </p>
  <p>
   The second paragraph in body.
  </p>
 </body>
</html>
```

（3）requests 模块

requests 库和 urllib 库的作用相似且使用方法基本一致，都是根据 HTTP 操作各种消息和页面，但使用 requests 库比使用 urllib 库更简单。下列示例代码使用 requests 库从指定的 url 中下载图片后保存到本地。

```
>>> import requests
>>> path = "E://dog.jpg"
>>> r = requests.get(url)  #测试时请将 url 替换成图片的具体网址
>>> r.status_code
200
>>> with open(path,'wb') as f:
        f.write(r.content)
7059
>>> f.close()
```

3. 案例

（1）案例 1：获取中国高校排名信息并用图形展示与保存

要求将所获取数据保存到本地 CSV 文件 univ_rank.csv 中，并绘制前 100 名大学在各省份的分布。参考代码如下。

```
# -*- coding: utf-8 -*-
from urllib.request import urlopen
import bs4
```

```python
import matplotlib.pyplot as plt
import csv

def getHtml(url):
    try:
        response = urlopen(url)
        return response.read().decode('utf-8')
    except:
        return ""

def getUnivInfo(csvfile, html):
    soup = bs4.BeautifulSoup(html, "html.parser")
    csv_writer = csv.writer(csvfile)

    for tr in soup.find('tbody').children:
        if isinstance(tr, bs4.element.Tag):
            tds = tr('td')
            csv_writer.writerow([tds[0].string, tds[1].string, tds[2].string, \
tds[3].string])

def printTopUniv(csvfile, num):
    fmt = "{0:^4}\t{1:{3}<10}\t{2:^5}"
    print(fmt.format("排名","学校","总分",chr(12288)))
    csvfile.seek(0,0)
    recs = csv.reader(csvfile)
    for rec in recs:
        print(fmt.format(rec[0],rec[1],rec[3],chr(12288)))
        if int(rec[0]) == num:
            break

def showUnivDictr(csvfile, num):
    udict = {}
    csvfile.seek(0,0)
    recs = csv.reader(csvfile)
    for rec in recs:
        udict[rec[2]] = udict.get(rec[2],0) +1
        if int(rec[0]) == num:
            break
    sort_udict = dict(sorted(udict.items(), key = lambda item: item[1],reverse = True))
    plt.rcParams['font.family']= 'Simhei'
    results = [0 for i in range(6)]
    plt.title('中国前100名大学分布')
    plt.xlabel('省/直辖市')
    plt.ylabel('大学数量')
    plt.xticks(range(1,len( sort_udict)+1), sort_udict.keys())
    plt.bar(range(1,len(sort_udict)+1), sort_udict.values(), width = 0.6)
    plt.savefig('univ_visual2.png')
    plt.show()

def main():
    csvfile = open('univ_rank.csv', 'w+', newline='')
```

```
        url = 'http://www.zuihaodaxue.cn/zuihaodaxuepaiming2019.html'
        html= getHtml(url)
        print('state:',csvfile)
        getUnivInfo(csvfile, html)
        printTopUniv(csvfile, 30)
        showUnivDictr(csvfile, 100)
        csvfile.close()
main()
```

　　程序运行后会在当前文件夹下产生一个文件 univ_rank.csv，用于保存程序所获取的大学排名数据，然后向屏幕输出排名情况，并将前 100 名大学的分布情况显示出来，如图 3-4-1 所示。

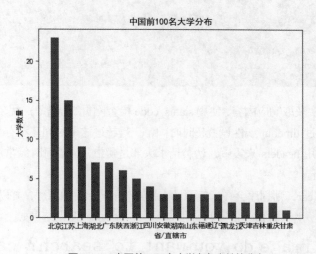

图 3-4-1　中国前 100 名大学在各省份的分布

（2）案例 2：根据关键字爬取百度图片

　　首先用 requests 库模拟浏览器访问网站的行为，由给定的网站链接（url）得到对应网页的字符串表示的源代码。然后根据源码中图片的地址形式，用正则表达式 re 库的 findall 函数在字符串中匹配表示图片链接的字符串，返回一个图片的地址列表。最后循环列表，根据图片链接使用 Python 的文件操作函数将图片保存到本地。参考代码如下。

```
import requests
import re
MaxImageNum = 10
def getimage (source) :
    headers = {'User-Agent': 'Mozilla/5.0 (Windows NT 6.1; WOW64; rv:23.0) Gecko/20100101
Firefox/23.0'}
    try:
        content = requests.get(source,headers=headers).text
    except:
        print("Url error !")

    imageArr = re.findall(r'\"ObjUrl\"\:\".*?\"',content, re.S)
    image_count = 0
    for imageUrl in imageArr:
```

```
                imageUrl = imageUrl.split('":"')[1].replace("\/","/").strip('"')
                try:
                    r = requests.get(imageUrl)
                    if r.status_code == 200:
                        ext = imageUrl.split('.')[-1]
                        pictureSavePath='image'+ str(image_count)+'.'+ext
                        fp=open(pictureSavePath, 'wb')
                        fp.write (r.content)
                        fp.close ()
                        image_count += 1
                        if image_count == MaxImageNum:
                            break
                except:
                    print("Download error !" + imageUrl)

key=input ("What image you want to search? ")
StartSource="https://image.baidu.com/search/index?tn=baiduimage& word="+key
getimage(StartSource)
```

上述代码使用 get 方法获取响应内容，使用 status_code 检查网页的状态码。另外用户可以通过 headers 获取响应的头部内容，通过 timeout 属性设置超时时间，一旦超过这个时间还没有获得响应内容，就会提示错误。请求头内容可以用 headers 来设置，伪装请求头部是爬虫采集信息时经常用到的方法，爬虫程序可以用这个方法来隐藏自己。

以上代码测试时输入 car，则程序会在指定网站上搜索与 car 相关的图片，并以"image*n*.jpg"的格式保存在当前文件夹，其中 *n* 为文件编号。交互过程如图 3-4-2 所示，搜索结果如图 3-4-3 所示。

## What image do you want to search? car

图 3-4-2　输入搜索关键词

| | | | |
|---|---|---|---|
| image0.jpg | 2019/10/25 星期五 19:21 | 看图王 JPG 图片文件 | 184 KB |
| image1.jpg | 2019/10/25 星期五 19:21 | 看图王 JPG 图片文件 | 268 KB |
| image2.jpg | 2019/10/25 星期五 19:21 | 看图王 JPG 图片文件 | 152 KB |
| image3.jpg | 2019/10/25 星期五 19:21 | 看图王 JPG 图片文件 | 33 KB |
| image4.jpg | 2019/10/25 星期五 19:21 | 看图王 JPG 图片文件 | 37 KB |
| image5.jpg | 2019/10/25 星期五 19:21 | 看图王 JPG 图片文件 | 10 KB |
| image6.jpg | 2019/10/25 星期五 19:21 | 看图王 JPG 图片文件 | 48 KB |
| image7.jpg | 2019/10/25 星期五 19:21 | 看图王 JPG 图片文件 | 110 KB |
| image8.jpg | 2019/10/25 星期五 19:21 | 看图王 JPG 图片文件 | 25 KB |
| image9.jpg | 2019/10/25 星期五 19:21 | 看图王 JPG 图片文件 | 41 KB |

图 3-4-3　搜索结果

# 附录A　Python 3.X常见调试错误

1.　SyntaxError: Non-ASCII character '\xe5' in file

说明：程序中有中文（即使是注释）时，需要在程序前加上 # -*- coding: utf8 -*-。

2.　IndentationError:excepted an indented block

说明：代码书写规范会带来问题。因为 Python 是一个对代码缩进非常敏感的语言，选择结构和循环结构及函数等都是依靠缩进的形式来表示的，好的编程习惯是多用 Tab 键，少用 Space 键。

3.　'float' object can't be interpreted as an integer'

例：for i in range(int(c / 10)):

改为：for i in range(c // 10):

说明：/表示除法，//表示整除。

4.　NameError: global name 'time' is not defined

说明：使用 time 函数时报错，只要在代码开头加上 import time，把 time 库文件加进来就好了。

5.　list indices must be: integers or slices, not str

例：for i in A

改为：for i in range(A)

说明：A 是某个常量。

6.　SyntaxError: Missing paraentheses in call to 'print'

说明：Python 的版本问题，Python 3.X 使用 print 时要加( )。

7.　'process_file( ) take 1 positional argument but 2 were given'

例：dict = process_file('outfile_path','r')

解决办法：将'r'去掉，因为只需要 1 个参数。

8.　local variable 'a' referenced before assignment:

说明：局部变量 a 在赋值前已经引用。

9.　ImportError: No module named 'cookielib'

说明：Python 2.0 版本导入 cookielib 直接使用 import cookielib，Python 3.6 后改成 http.cookiejar 了。有不少第三方库在 Python 2.X 和 Python 3.X 中的使用方式不一样，若出现不能导入的问题，请检查是不是版本问题，然后调整方法。

10.　'='和 '=='混用导致"SyntaxError: invalid syntax"

例：if spam = 42:

　　　　print('Hello!')

说明：'='是赋值操作符，而'=='是等于比较操作符。

11. 忘记在 if , elif , else , for , while , class ,def 等声明末尾添加":"而导致"SyntaxError：invalid syntax"。该错误将发生在类似如下代码中：

```
if x == 1        #末尾应添加 ":"
    print('Hello!')
```

12. 在 for 循环语句中忘记调用 len() 而导致 "TypeError: 'list' object cannot be interpreted as an integer"。
说明:通常想要通过索引来迭代一个 list 或者 string 的元素,就需要调用 range() 函数。要记得返回 len 值
而不是返回这个列表。

错误实例:

```
spam = ['cat', 'dog', 'mouse']
for i in range(spam):
    print(spam[i])
```

更正:

```
for i in range(len(spam)):
```

13. 尝试修改 string 的值而导致 "TypeError: 'str' object does not support item assignment"。string 是一种
不可变的数据类型,该错误发生在如下代码中:

```
spam = 'I have a pet cat.'
spam[13] = 'r'
print(spam)
```

14. 尝试连接非字符串值与字符串而导致 "TypeError: Can't convert 'int' object to str implicitly"。该错误
发生在如下代码中:

```
numEggs = 12
print('I have ' + numEggs + ' eggs.')
```

应该这样做:

```
numEggs = 12print('I have ' + str(numEggs) + ' eggs.')
```

或者:

```
numEggs = 12print('I have %s eggs.' % (numEggs))
```

15. 变量或者函数名拼写错误而导致 "NameError: name 'fooba' is not defined"。该错误常发生在如下代
码中:

```
foobar = 'Al'
print('My name is ' + fooba)
```

或者:

```
spam = ruond(4.2)    #应该为 round(4.2)
```

或者:

```
spam = Round(4.2)    #应该为 round(4.2)
```

16. 方法名拼写错误而导致 "AttributeError: 'str' object has no attribute 'lowerr'"。该错误常发生在如下代
码中:

```
spam = 'THIS IS IN LOWERCASE.'
spam = spam.lowerr()  #应该为 spam.lower()
```

17. 引用超过 list 最大索引而导致 "IndexError: list index out of range"。该错误常发生在如下代码中：

```
spam = ['cat', 'dog', 'mouse']
print(spam[6])  #索引超标
```

18. 使用不存在的字典键值而导致 "KeyError: 'spam'"。该错误常发生在如下代码中：

```
spam = {'cat': 'Zophie', 'dog': 'Basil', 'mouse': 'Whiskers'}
print('The name of my pet zebra is ' + spam['zebra'])  #没有键'zebra'
```

19. 尝试使用 Python 关键字作为变量名而导致 "SyntaxError: invalid syntax"。Python 关键字不能用作变量名，该错误发生在如下代码中：

```
class = ' lambda '
```

说明：Python 3 的关键字有 and, as, assert, break, class, continue, def, del, elif, else, except, False, finally, for, from, global, if, import, in, is, lambda, None, nonlocal, not, or, pass, raise, return, True, try, while, with, yield。

20. 在定义局部变量前在函数中使用局部变量（此时有与局部变量同名的全局变量存在）而导致 "UnboundLocalError: local variable 'foobar' referenced before assignment"。

该错误发生在如下代码中：

```
someVar = 42
def myFunction():
    print(someVar)
    someVar = 100
myFunction()
```

说明：在函数中使用局部变量，同时存在同名全局变量时是很复杂的。使用规则是：当在函数中定义了任何变量时，如果它只在函数中使用，那么它就是局部变量，否则它就是全局变量。这意味着不能在定义它之前把它当作全局变量在函数中使用。

21. 尝试使用 range() 创建整数列表而导致 "TypeError: 'range' object does not support item assignment"。

该错误发生在如下代码中：

```
spam = range(10)    #应该用 list(range(10))
spam[4] = -1
print(spam)
```

22. 用 ++ 或者 -- 操作符进行自增或自减而导致 "SyntaxError: invalid syntax"。

说明：如果读者习惯于 C++ 、Java、PHP 等其他程序语言，也许想要尝试使用 ++ 或者 -- 自增自减一个变量。但是 Python 中没有这样的操作符。

23. 忘记设置方法的第 1 个参数 self 而导致 "TypeError: myMethod() takes 0 positional arguments but 1 was given"。该错误发生在如下代码中：

```
class Foo():
    def myMethod():    # 应该是 def myMethod(self):
        print('Hello!')
a = Foo()
a.myMethod()
```

# 附录B 全国高等学校（安徽考区）计算机水平考试
## "Python程序设计"教学（考试）大纲

### 一、课程基本情况

课程名称：Python 程序设计

课程代号：290

先修课程：计算机应用基础

参考学时：72~90 学时（理论 48~54 学时，实验 24~36 学时）

考试安排：每年两次考试，一般安排在学期期末

考试方式：机试

考试时间：90 分钟

考试总分：100 分

机试环境：Windows 7 +，建议 Python 3.6 及其以上版本 IDLE 开发环境

Python 是一种解释型的面向对象程序设计语言，是学习计算机编程、理解计算机解决实际问题的有效工具。通过本课程的学习，学生能够系统地掌握 Python 语言的基本语法和基本编程方法，理解程序设计中的计算思维，并能上机调试运行解决实际开发的应用实例。同时本课程也可为后续课程的学习和计算机应用奠定良好的基础。

### 二、课程内容与考核目标

#### 第1章 Python 概述

（一）课程内容

Python 语言简介，Python 下载与安装，Python 开发环境与文件类型，Python 帮助和资源，Python 程序基本语法元素。

（二）考核知识点

Python 语言发展、特点与应用，Python 安装，Python 集成开发环境（IDLE），Python 帮助和资源，Python 程序构成和书写风格，Python 对象和引用、标识符及其命名规则、变量和赋值语句、基本输入输出语句。

（三）考核目标

了解：Python 语言发展、特点、应用、版本区别及文件类型。

理解：Python 程序的运行方式、开发环境和运行环境配置，Python 程序构成和书写风格。

掌握：Python 集成开发环境（IDLE），Python 对象和引用、标识符及其命名规则、变量和赋值语句、基本输入输出语句。

应用：能够利用 IDLE 创建简单程序，调试并运行。

（四）实践环节

1. 类型

演示、验证。

2. 目的与要求

掌握 Python 程序运行方式及 IDLE 的使用方法。

## 第 2 章　Python 基本数据类型

（一）课程内容

基本数据类型的概念和特点，整数类型，浮点数类型，复数类型，布尔类型，字符串类型，基本数据运算符和表达式，类型判断和转换。

（二）考核知识点

基本数据类型的概念和特点，数值运算操作符、函数及表达式，空值和布尔逻辑值，字符串操作符、处理函数和处理方法，正则表达式的基本概念，类型判断和转换操作。

（三）考核目标

了解：正则表达式的基本概念。

理解：基本数据类型的概念和特点，空值和布尔逻辑值。

掌握：数值运算操作符、函数及表达式，字符串操作符、处理函数和处理方法，类型判断和转换操作。

应用：能够在程序设计中正确使用基本数据类型。

（四）实践环节

1．类型

验证、设计。

2．目的与要求

在程序设计中掌握基本数据类型的使用方法。

## 第 3 章　Python 控制结构

（一）课程内容

程序设计基本知识，程序的控制结构，程序错误及异常处理。

（二）考核知识点

算法的基本概念，程序设计方法，程序的输入、输出及相关处理语句，程序的分支结构，程序的循环结构（遍历循环、无限循环、break 和 continue 循环控制），程序错误、调试及异常处理 try-except。

（三）考核目标

了解：算法的基本概念，程序错误、调试及异常处理 try-except。

理解：程序设计方法，程序的分支结构，程序的循环结构。

掌握：单分支结构、双分支结构、多分支结构、分支结构的嵌套，可迭代对象、range 对象，遍历循环、无限循环、循环结构的嵌套、break 和 continue 循环控制语句。

应用：能够应用不同的分支结构和循环结构解决实际问题。

（四）实践环节

1．类型

验证、设计。

2．目的与要求

掌握利用分支结构和循环结构进行程序设计的方法。

## 第 4 章　Python 组合数据类型

（一）课程内容

组合数据类型的基本概念，元组，列表，字典，集合。

（二）考核知识点

元组：元组的基本概念和特点，元组的系列操作函数和操作方法。

列表：列表的基本概念和特点，列表的系列操作函数和操作方法。

字典：字典的基本概念和特点，字典的系列操作函数和操作方法。

集合：集合的基本概念和特点，集合的系列操作函数和操作方法。

（三）考核目标

了解：集合的系列操作函数及相关方法。

理解：字典的系列操作函数及相关方法。

掌握：元组与列表的系列操作函数及相关方法。

应用：元组与列表的使用。

（四）实践环节

1. 类型

验证、设计。

2. 目的与要求

掌握元组与列表的系列操作函数及相关方法，掌握利用组合数据类型解决实际问题的方法。

## 第5章　Python 自定义函数及应用

（一）课程内容

函数的定义和调用，函数的参数传递，函数的返回值，变量的作用域，lambda 表达式，函数的递归，模块与包。

（二）考核知识点

函数的定义和调用，可选参数传递、参数名称传递，return 语句与函数的返回值，局部变量和全局变量，lambda 表达式，递归函数，模块的导入和使用，包的导入和使用。

（三）考核目标

了解：函数的递归。

理解：函数的参数传递，变量的作用域，模块与包。

掌握：函数的定义和调用，函数的返回值，lambda 表达式。

应用：正确运用自定义函数解决实际问题。

（四）实践环节

1. 类型

验证、设计。

2. 目的与要求

掌握函数的定义和调用方式，掌握函数的参数传递和变量的作用域。

## 第6章　文件操作

（一）课程内容

文件基本概念，文件基本操作，目录基本操作。

（二）考核知识点

文件编码，文本文件与二进制文件，文件打开和关闭，文本文件的读取和写入，CSV 文件的读取和写入，文件操作 os 模块和 shutil 模块。

（三）考核目标

了解：文件编码，os 模块和 shutil 模块。

理解：目录基本操作，文本文件和二进制文件的基本方法。

掌握：文件打开、读写和关闭，文本文件和 CSV 文件格式的读写。

应用：文本文件和 CSV 文件的打开、读写和关闭的具体方法。

（四）实践环节

1. 类型

验证、设计。

2. 目的与要求

掌握利用文本文件和 CSV 文件，实现数据读写等处理的方法。

### 第 7 章　Python 高级应用

（一）课程内容

面向对象的基本概念及特征，类的定义与使用，图形用户界面（GUI）编程，Python 标准库 tkinter，数据库基础知识，Python 数据库编程，SQLite 数据库和 sqlite3 模块。

（二）考核知识点

面向对象的基本概念：类、对象、属性、方法与事件。

面向对象的基本特征：封装、继承、多态。

类的定义与使用：Python 类对象和实例对象，self 与 cls 参数，类成员与实例成员，私有成员与公有成员，类的方法与属性。

图形用户界面（GUI）编程：tkinter 窗体布局和常用组件，tkinter 开发步骤，tkinter 事件响应和编程基础，对话框、菜单和工具栏。

数据库基础知识：数据库基本概念，关系数据库。

SQLite 数据库和 sqlite3 模块及其应用：SQLite 数据库概念，sqlite3 模块连接，SQLite 数据库访问，创建数据库和表，数据表的数据更新与查询。

（三）考核目标

了解：面向对象的基本特征，数据库基础知识，创建数据库和表，数据表的数据更新。

理解：面向对象的基本概念，类的定义与使用，图形用户界面（GUI）编程，SQLite 数据库访问和 sqlite3 模块应用。

（四）实践环节

1. 类型

验证。

2. 目的与要求

能够使用标准库 Tkinter 窗体布局与常用组件、SQLite 数据库访问和查询。

### 第 8 章　Python 计算生态

（一）课程内容

Python 内置函数，常用标准库，Python 计算生态和第三方库。

（二）考核知识点

基本的 Python 内置函数，标准库（math 库、random 库、datetime/time 库、turtle 库等）的使用，第三方库（Pyinstaller 库、numpy 库、jieba 库等）的安装和使用，更广泛的 Python 计算生态（数据分析、数据可视化、用户图形界面、多媒体、机器学习等）。

（三）考核目标

了解：网络爬虫、数据分析、文本处理、数据可视化、用户图形界面、机器学习、Web 开发、多媒体开发等第三方库的名称。

理解：Python 内置函数、标准库、Python 计算生态和第三方库的基本概念。

掌握：Python 内置函数、math 库、random 库、datetime/time 库、turtle 库。

应用：Python 内置函数、标准库和第三方库解决实际问题。

（四）实践环节

1. 类型

验证、设计。

2. 目的与要求

掌握 Python 内置函数、标准库和第三方库的使用方法。

三、题型及样题

| 题型 | 题数 | 每题分值 | 总分值 | 题目说明 |
| --- | --- | --- | --- | --- |
| 单项选择题 | 20 | 2 | 40 | |
| 程序改错题 | 1 | 15 | 15 | |
| 程序填空题 | 1 | 15 | 15 | |
| 综合应用题 | 2 | | 30 | |

（一）单项选择题（每题 2 分，共 40 分）

1. 下列选项中，不属于 Python 特点的是_____。

   A. 免费和开源　　　B. 面向对象　　　C. 运行效率高　　　D. 可移植性

2. Python 内置的集成开发环境是_____。

   A. IDLE　　　B. IDE　　　C. Pydev　　　D. Visual Studio

3. 关于 Python 语言的说法，以下选项中错误的是_____。

   A. Python 语言采用严格的"缩进"来体现语句的逻辑关系

   B. Python 语言以#作为单行注释

   C. Python 语言源程序的扩展名是 py

   D. Python 语言可以采用 help 语句获取帮助信息

4. 以下选项中符合 Python 语言变量名命名规则的是_____。

   A. True　　　B. 3_A　　　C. key_1　　　D. def

5. 关于 import 引用，下列选项中描述错误的是_____。

   A. import 保留字用于导入模块或者模块中的对象

   B. 使用 import math 可以引入 math 库

   C. 使用 import math as m 可以引入 math 库并取别名 m

D. 可以使用 from math import sqrt 引入 math 库

6. 关于数据输入及其处理，以下说法正确的是_____。

　　A. eval 函数的作用是将字符串转为 Python 语句执行

　　B. imput 函数从控制台获得用户的一行输入，以输入值的类型返回

　　C. 在 Python 中语句 x=y=z=1 不合法

　　D. print 语句用于输出运算结果

7. 关于 Python 语言数值操作符，以下选项中描述错误的是_____。

　　A. x/y 表示 x 与 y 的商

　　B. x//y 表示 x 与 y 的整数商

　　C. x%y 表示 x 与 y 之商的余数

　　D. x**y 表示 x 的 y 次幂，其中 y 必须是整数

8. 以下_____不是 Python 支持的数据类型。

　　A. char　　　　　　B. int　　　　　　C. float　　　　　　D. str

9. 下列关于正则表达式的说法，不正确的是_____。

　　A. 正则表达式广泛应用于各种文本处理应用程序

　　B. 正则表达式是由普通字符以及特殊字符（或称元字符）组成的文字模式

　　C. 正则表达式中不可以使用元字符作为普通字符使用

　　D. 正则表达式中\s 表示空白字符，即等价于[\f\n\r\t\v]

10. 结构化程序设计主要强调的是程序的_____。

　　A. 规模　　　　　　B. 易读性　　　　　C. 执行效率　　　　D. 可移植性

11. 程序的基本控制结构中不包括_____结构。

　　A. 顺序　　　　　　B. 分支（选择）　　C. 循环　　　　　　D. 跳转结构

12. try-except 结构中，_____会执行 except 对应的语句块。

　　A. try 出现异常时　　　　　　　　　B. 正常程序结束后

　　C. try 中有分支时　　　　　　　　　D. try 中有循环时

13. 关于 Python 的列表，以下选项中描述错误的是_____。

　　A. 列表的长度不可变

　　B. 列表用中括号[]表示

　　C. 列表是一个可以修改数据项的序列类型

　　D. 函数 list()可以创建一个空列表

14. 在 Python 中定义函数时使用的保留字是_____。

　　A. function　　　　　B. def　　　　　　C. return　　　　　D. define

15. Python 语句"f=lambda x,y:x*y;f(12,34)"的程序运行结果是_____。

　　A. 12　　　　　　　B. 34　　　　　　　C. 45　　　　　　　D. 408

16. 关于 Python 的全局变量与局部变量，以下选项描述错误的是_____。

　　A. 全局变量（非显式声明）是指在函数之外定义的变量

B. 局部变量（非显式声明）是指在函数内部定义的变量

C. 局部变量与全局变量同名时，局部变量优先

D. 函数外部可以引用函数内部的局部变量

17. 以下选项中，不是 Python 对文件打开模式的是_____。

    A. 'rb'              B. 'c'              C. 'r'             D. 'w'

18. os 模块中用于获取当前目录的函数是_____。

    A. listdir           B. walk           C. system         D. getcwd

19. 关于 Python 计算生态，以下描述不正确的是_____的第三方库。

    A. pygame 是游戏开发            B. wordcloud 是中文分词

    C. requests 是网络爬虫            D. numpy 是科学计算

20. 下列关于 SQLite 数据库支持的数据类型与 Python 数据类型对应关系中，不正确的是_____。

    A. TEXT 与 str            B. INTEGER 与 int

    C. REAL 与 float            D. BLOB 与 bool

（二）程序改错题（共 15 分）

注意事项：

（1）考生文件夹中有程序文件 PROG1.PY，其中程序中标有#ERROR 注释的程序行有错，请直接在该行修改。

（2）请勿删除或修改#ERROR 错误标志。

（3）请勿将错误行分成多行。

（4）请勿修改错误语句的结构或其中表达式的结构，如错误语句：

if(A+B)= =(X+Y)…正确形式为 if(A+B)!=(X+Y) …，若改成：

if(B+A)!=(X+Y) …或 if(X+Y)!=(A+B) … 或

if(A+B)!=(Y+X) …等形式均不得分。

（5）请勿改动程序的其他部分，否则将影响考生成绩。

程序文件 PROG1.PY 的内容。

```
#程序功能：实现判断输入的一个大于 1 的整数是否为素数。
import math
n=input('请输入一个整数：')
n=int(n)
m=math.ceil(math.sqr(n)+1)          #ERROR
x=1                                 #ERROR
for i in range(x,m):
    if n%i == 0 and i<n:
        print (str(n)+'不是素数')
        break
else                                #ERROR
    print(str(n)+'是素数')
```

（三）程序填空题（共 15 分）

注意事项：

（1）考生文件夹中有程序文件 PROG2.PY，在标有"#BLANK"注释的程序行填空，先删除该行中的下画线，再直接填入正确内容。

（2）请勿删除或修改"#BLANK"标志。

（3）请勿将填空行分成多行。

（4）请勿修改填空行语句的结构。

（5）请勿改动程序的其他部分，否则将影响考生成绩。

程序功能：使用相应库绘制如右图所示的正方形：

程序文件 PROG2.PY 的内容。

```
import _____              #BLANK
turtle.color("red")
turtle.pensize(3)
turtle.goto(0,0)
for i in range(1, _____):   #BLANK
    turtle.forward(100)
    turtle.left(_____)       #BLANK
```

（四）综合应用题（第 1 题 10 分，第 2 题 20 分，共 30 分）

1. 在考生文件夹中建立程序 PROG3.PY，实现用以下近似公式：

$$e \approx 1 + \frac{1}{1!} + \frac{1}{2!} + \cdots + \frac{1}{n!} + \cdots$$

计算自然对数底数 e 的值，直到最后一项的绝对值小于 $10^{-5}$ 为止。输出满足条件的项数 $n$ 及 e 的值，要求输出效果如下：

项数为 10 时底数 e 的值为 2.7183

2. 已知变量 s 中存有全部大小写字母、数字字符以及 5 个特殊字符!#%$*，即：

s="ABCDEFGHIJKLMNOPQRSTUVWXYZabcdefghijklmnopqrstuvwxyz0123456789!#%$*";

请在考生文件夹中建立程序 PROG4.PY，生成符合要求的随机密码，规则如下：

（1）使用 random 库，随机种子为 108；

（2）每次从变量 s 中随机取 1 个字符，共取 10 次，顺序连成 1 个字符串作为密码存入变量 pwd 中，同时要求 pwd 中的首字符不得与其他 9 个字符相同；

（3）最后将变量 pwd 中保存的密码存入考生文件夹下"登录密码.txt"的文件中。

# 参考文献

[1] 王小银，王曙燕，孙家泽. Python 程序设计语言[M]. 北京：清华大学出版社，2017.

[2] 钱雪忠，宋威，钱恒. Python 语言实用教程[M]. 北京：机械工业出版社，2018.

[3] 裘宗燕. 从问题到程序——用 Python 学编程和计算[M]. 北京：机械工业出版社，2017.

[4] 张莉. Python 程序设计教程[M]. 北京：高等教育出版社，2018.

[5] 张莉. Python 程序设计实践教程[M]. 北京：高等教育出版社，2018.

[6] 杨柏林，韩培友. Python 程序设计[M]. 北京：高等教育出版社，2019.

[7] 薛景，陈景强，朱旻如，等. Python 程序设计基础教程[M]. 北京：人民邮电出版社，2018.

[8] 董付国. Python 程序设计基础教程（第 2 版）[M]. 北京：清华大学出版社，2015.

[9] 嵩天，礼欣，黄天羽. Python 语言程序设计基础（第 2 版）[M]. 北京：高等教育出版社，2014.

[10] 教育部考试中心. 全国计算机等级考试二级教程——Python 语言程序设计[M]. 北京：高等教育出版社，2019.

[11] 黄天羽，李芬芬. Python 语言程序设计冲刺试卷[M]. 北京：高等教育出版社，2018.

[12] 戴歆，罗玉军. Python 开发基础[M]. 北京：人民邮电出版社，2018.

[13] 陈沛强. Python 程序设计教程[M]. 北京：人民邮电出版社，2019.

[14] 刘卫国. Python 语言程序设计[M]. 北京：电子工业出版社，2016.